知りたかったチーズの疑問Q&A

はじめに

おいしいチーズが食べたい！　どんなチーズがおいしいの？教えて。

いま、日本の店頭には５００種を超える国内外のチーズが並んでいます。大きいもの小さいもの、硬いもの柔らかいもの、白カビ青カビなどなど。これらのチーズはどこからきたの？　どうやってつくるの？　牛、山羊、羊、水牛など、様々なミルクからつくられるチーズ。ミルクが違えばつくり方も味も違うといいますが、その違いを教えてください。

チーズに対する疑問質問は山ほどありますが、そんな素朴な疑問に応える、一般向けの資料や本はとても少ないのが現状です。

この本は、チーズの歴史や成り立ちから始め、主要各国のチーズを紹介し、製法、栄養、食べ方、取扱い方法まで１５０の疑問にＱ＆Ａ方式で答えたものです。ごく初歩的な質問から、かなり専門的な疑問まで、出来るだけやさしく、分かりやすさを心がけて答えました。この本がおいしいチーズを探す手掛かりに、またチーズを勉強する手助けになれば幸せです。

目次

チーズの歴史や成り立ちなどに関する質問

チーズに関するよくある質問

チーズの原料についての質問

チーズの造り方への質問

チーズの分類に関する質問

チーズに対するＥＵの保護制度についての質問

フランスチーズについての質問

イタリアチーズについての質問

スイスチーズについての質問

スペインチーズについての質問

ポルトガルチーズについての質問

イギリスチーズについての質問

ドイツチーズについての質問

アジア諸国のチーズについての質問

新世界のチーズに関する質問

チーズの栄養に関する質問

チーズの切り方や料理に関する質問

チーズと飲み物に関する質問

チーズの歴史や成り立ちなどに関する質問

Q1 チーズとはどのようなものですか。

A1 簡単にいうと乳（ミルク）を何らかの方法で固めて水分（乳精＝ホエー）の一部を除いたものということができます。

〈もう少し詳しく〉

乳を固めるにはいくつかの方法がありますが、最も原始的で古代から行われている方法は、ミルクに自然の乳酸菌を繁殖させて、乳酸をつくらせその酸で固める方法です。ヨーグルトはその方法でつくります。ヨーグルトをコーヒーペーパーフィルターでこすと白い塊が残りますが、これがチーズです。

乳を固めるもうひとつの方法はレンネットと呼ばれる凝乳酵素をミルクに添加して固める方法です。（詳しくはQ32参照）

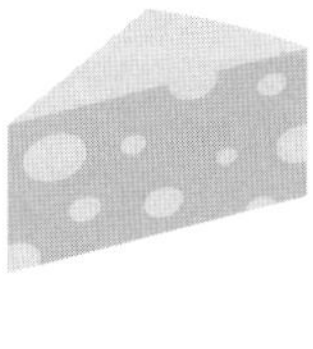

Q2 チーズはいつ頃どこで最初につくられたのでしょうか。

A2 乳利用の始まりは、ヒトが動物を家畜化したことから始まります。一番早いのは紀元前1万年ごろヤギとヒツジがメソポタミア北部で、次いでウシは紀元前8千年ごろ東地中海沿岸で家畜化されたといわれています。このあたりからチーズがつくられた可能性があります。

〈もう少し詳しく〉

有蹄類の草食動物を家畜化し群れとして管理しその乳や毛などを利用する生活様式を牧畜と言います。その中で家畜の乳は日常の食べ物として利用されたようですが、乳は腐敗しやすいため、やがて保存がきき持ち運びしやすいチーズなどに加工されたものと考えられます。いずれにしても先史時代のことで、明確な資料はありませんが、古代オリエント、あるいは中央アジアあたりがチーズの誕生の地として挙げられています。

Q3 古代のチーズはどのようなものだったのですか。

A3 乳酸発酵して凝固した、今でいえばヨーグルトのようなものを草で編んだザルなどでホエーを除いたものに塩をしたり、乾燥させたものだったでしょう。

〈もう少し詳しく〉

古代のチーズは、乳を自然の乳酸菌が作り出す酸で凝固させて脱水したチーズを乾燥させたり、塩漬けにしたものだったようです。この方法は後に酸と熱で乳を凝固させる「東洋型のチーズ」と言われるものになり、現在でもモンゴル、チベット、インドなどに残っています。現在あるような熟成させたチーズが現れるのは古代ローマ時代以降といわれています。

Q4 古代の人たちはチーズをどのようにして食べていたのですか。

A4 紀元前3千年紀後半、メソポタミア地方（現在のイラクあたり）に高度な文明が花開き、パンが焼かれビールやワインが飲まれチーズがつくられていました。紀元前3千年紀末のある記録によると王女の旅の食料リストにチーズとバターがあります。しかし、チーズをどのように食べられていたかは、はっきり分かっていません。

〈もう少し詳しく〉

この時代のチーズは、凝乳（凝固した乳）の水分を切って乾燥させたもので、パンに練りこんだりする記録もありますが、紀元前2千年紀初頭に書かれた神話の結婚式に宴会のご馳走のリストがあり、そこに「固いチーズ、香りをつけたチーズ、柔らかいチーズ」とあります。紀元前8世紀のギリシャの詩人ホメロスの叙事詩には「青銅のおろし金でチーズをおろして」麦のおかゆに振りいれる情景が描かれています。ギリシャ時代の後期にはチーズケーキもあったようですが記録は失われて残っていません。

Q5 古代オリエント（西アジア）で生まれたチーズはどのようにしてヨーロッパに広がったのですか。

A5 地中海世界を制覇した古代ギリシャは華やかな文明を築き、美食文化が生まれます。後にギリシャを征服したローマはギリシャ文明を受け継ぎ、チーズもギリシャを経てイタリア半島に伝えられました。その後ローマは西ヨーロッパを征服しチーズはヨーロッパ各地に伝えられていきます。

〈もう少し詳しく〉

ローマ時代にはチーズも進化し、フレッシュチーズの他、熟成チーズも生まれて、チーズは庶民の朝食の定番になります。裕福な家では13種類ものチーズが出たとか。初代ローマ皇帝のアウグストゥスも自家製のチーズを食べていたそうです。やがてローマは西ヨーロッパを次々と征服し、ローマの文化を移植していきます。当時のローマ兵の食料には1日20gのチーズが支給されたそうですが、これが征服された西ヨーロッパの国々（現在のフランス、スペイン、ポルトガル、スイスなど）に伝えられて、いまのヨーロッパチーズの基礎ができあがっていきます。

チーズに関するよくある質問

Q6 チーズをつくる原料はウシ乳のほかに、どんな動物の乳がありますか。

A6 現在では大半がウシで、ほかにヤギ、ヒツジ、スイギュウ乳などでチーズがつくられています。

〈もう少し詳しく〉

現在では泌乳量の多いウシ乳製のチーズが圧倒的にたくさんつくられていますが、ヨーロッパでもイベリア半島やイタリアなどの乾燥地帯ではそれぞれの風土に適したヒツジやヤギが飼われ、それらの乳からチーズがつくられています。また、中央アジアや西アジアのアラブ世界ではヤギ、ヒツジ、ラクダの乳が利用されています。ごく限られた地域ではウマ、トナカイ、ヤク（ヒマラヤ地方）などの乳も利用されています。

Q7 チーズは世界のどの国で多くつくられていますか。

A7 ユーラシア大陸の各国、特に西ヨーロッパでは数千種類のチーズがつくられています。チーズの歴史が新しい北アメリカやオセアニアでは工業的に大量のチーズが造られています。

〈もう少し詳しく〉

北極圏のラップランドでもかつてはトナカイのミルクでチーズをつくっていたといいますが、チーズの空白地帯ともいうべきところはアフリカ大陸です。サハラの遊牧民トアレグ族がわずかに特有のチーズをつくっているようです。また、東南アジア諸国も見るべきチーズはありません。大国ロシアもチーズの生産量は極めて少量です。そして、歴史あるグルメの国、中国では中世から清の時代までは乳文化の不毛の時代といわれ、チーズがなかったのは不思議ですが、最近では中国も乳製品に関心が高まってきたようです。

Q8 日本ではいつ頃からチーズがつくられるようになったのですか。

A8 工業的にチーズがつくられるようになるのは1930年代になってからで、ヨーロッパと違いプロセスチーズ（Q11参照）から日本のチーズ文化は出発しました。一般家庭に普及するのは戦後の昭和20年代（1945年）以降になってからです。

〈もう少し詳しく〉

歴史的には6世紀の後半、朝鮮半島を経て乳食文化が渡来し、「蘇」というチーズらしいものが伝えられ、朝廷など上流階級の間で食べられていたようですが、後世には全く伝わりませんでした。

Q9 チーズの生産量の多い国はどこですか。

A9 ナチュラルチーズの生産量は1位アメリカ475万トン。2位ドイツ192万トン。3位フランス183万トン。4位イタリア103万トン。ちなみに日本は約12万トンです。（2007年）

〈もう少し詳しく〉

アメリカがチーズ生産世界1位なのに、日本でなじみが薄いのは、アメリカはチーズの消費大国でもあり、輸出する余力が少ないからです。また、日本のチーズ総生産量のうちナチュラルチーズは4・3万トン強。消費量はおよそ25万トンですから、不足分はヨーロッパをはじめ、オーストラリアとニュージーランドから大量に輸入しているわけです。

Q10 チーズを最もたくさん食べている国はどこですか。

A10 統計によると、最もたくさん食べている国はギリシャで、一人当たり年間30kg近く食べています。

〈もう少し詳しく〉

☆一人当たりの消費量が20kg以上25kg未満の国＝アイスランド、フランス、イタリア、ドイツ、スイス。

☆15kg以上20kg未満の国＝オーストリア、フィンランド、スウェーデン、アメリカ。
日本は2kg、うちプロセスチーズは40%前後です。（2007年）
(IDF国内委員会 ZMP. USDA)

Q11 ナチュラルチーズとプロセスチーズの違いを教えて下さい。

A11 簡単に言うと、ナチュラルチーズの原料は乳（ミルク）ですが、プロセスチーズの原料はナチュラルチーズです。ナチュラルチーズを加熱溶解乳化してパケッージングしたものがプロセスチーズです。

〈もう少し詳しく〉

ナチュラルチーズは乳を乳酸発酵させ凝乳酵素などで固めて、水分の一部を除いたもの、あるいはこれを熟成したものです。従って、チーズを熟成させる微生物や酵素の活性が続いていて、チーズは常に変化しています。それに対して、プロセスチーズはナチュラルチーズ（主として固いチーズ）を熱で溶かして乳化し、ほとんど無菌状態で充填包装します。そのため、チーズの熟成に関与する細菌は死滅し酵素の活性が止まっているので変質しにくいのです。ヨーロッパではチーズと言えばナチュラルチーズを指します。

日本では大部分の国産カマンベールのように、加熱殺菌されていても「乳化」の工程がないものは、日本の法律ではナチュラルチーズと表示されますが本来のナチュラルチーズとは少し意味が違います。これらをロングライフチーズといいますが最近では様々なロングライフチーズが輸入されています。

Q12 チーズの種類は一体どれくらいありますか。

A12 数千種類あると思われますが正確なデーターはありません。

〈もう少し詳しく〉

フランスには「一村一チーズ」という言葉があります。第二次世界大戦のときにイギリスのチャーチル首相は、ドイツに占領されたフランスを４００種ものチーズを持つ民族が滅びることはあるまい、といったとか。しかしこの数字はかなり控えめです。先ごろフランスでは１０００種類のチーズを網羅したポスターをつくりました。その他イタリア、スイスをはじめヨーロッパ諸国にも独自のチーズがたくさんあります。さらに現在では新技術により新しいチーズが続々と誕生しているので、もはやチーズの種類をカウントするのは不可能でしょう。

Q13 チーズはなぜいろいろな形や大きさのものがあるのですか。

A13 古くからつくられているチーズの形や大きさはチーズがつくられる風土や環境に大きく左右されます。それにヒトの知恵が加わって長い年月の間に様々なチーズが生まれたのです。

〈もう少し詳しく〉

伝統的なチーズはその土地で飼育しやすい動物の乳でつくられて来ました。草が豊富なところではウシ、乾燥地帯など厳しい風土ではヤギやヒツジが飼われ、それらのミルクでチーズがつくられてきました。乳量の多いウシの乳であれば大型のチーズをつくる事ができますがヤギやヒツジなどは乳量が少ないので小型か中型のチーズをつくるのが現実的です。しかし冬など季節によっては乳量を確保するために、これらの家畜の乳を混ぜて造られる例も珍しくありません。これも一つのチーズの個性となるわけです。

山岳地帯など生活環境が厳しいところでは、冬季の食料とするためには長持ちするチーズでなくてはなりません。また馬の背やロバなどで運搬しやすいように固くて大型のチーズがつくられてきました。消費地に近い平野ではすぐに市場に出せるような熟成期間が短い、小型で柔らかいチーズがつくられました。また、ヤギ乳の脂肪は粒子が細かく、蛋白質はレンネットでは凝固しにくいので、乳酸菌を繁殖させ酸度を高くして凝固させるのが一般的です。それでもウシ乳のようにしっかり凝固せず、組織はもろくて崩れやすくなるため小さくつくられる事が多いのです。また酸味が強いのも酸度を上げてつくるからです。

このようにチーズは多様な環境の中で工夫されて、様々な形や大きさのものが出来上がったのです。

　情報と流通が発達した現代では、売りやすい、買いやすいなどの経済的な事情が、チーズの大きさや形、味などが決められる要因になり、新しいチーズが続々誕生しています。

Q14 世界一大きいチーズは何ですか。また小さなチーズはどんなチーズですか。

A14 伝統的なチーズではスイスでつくられるエメンタールが世界最大です。直径は70㎝から1m位あり、重量は最大で130kgもあります。小さい方ではフランスのヤギ乳チーズで、ブション15～20g。バラット20gなどです。

〈もう少し詳しく〉

　フォンデューのチーズとして知られる、エメンタールはスイスの北部エメの谷で13世紀後半からつくられていました。プロピオン酸菌発酵（Q16参照）で大きな穴がたくさんあいていることで有名。一方ブションはワインのコルク栓の形で、バラットは円錐形の真ん中に楊枝が立っていて、それが昔のバターづくりの道具バラットに似ているという事でこの名があります。

Q15

バターとチーズの違いを教えて下さい。

A15

バターはミルクに含まれる脂肪を集めたもので、80％以上が乳脂肪です。チーズは（Q1）で述べた通りミルクを凝固させ、水分の一部を除いたもの、あるいはそれを熟成させたものです。

〈もう少し詳しく〉

昔はミルクを長時間静置して浮き上がってきたクリームを掬い取り、それを攪拌し脂肪分を凝集させてバターをつくっていました。1870年代に遠心分離機が発明されてからは効率的にクリームを取り出すことができ、バターの大量生産が可能になったのです。クリームを取った後の脱脂乳からも、カッテージチーズなどがつくられています。

Q16

チーズの孔はどうしてできるのですか。

A16

硬いチーズの中にできる、大豆粒大の丸くて表面がつるりとした孔は乳酸菌が乳糖を代謝するときに発生する二酸化炭素によってできます。またエメンターラーのクルミ大の大きな孔は、特別な菌を使って意図的につくったものです。

〈もう少し詳しく〉

スイスの大型チーズであるエメンターラーは、乳酸菌の他にプロピオン酸菌を加え、熟成中の温度を22～23℃にして2～3週間置きます。そうすると、プロピオン酸菌がチーズの中の乳酸塩という物質を代謝して大量に二酸化炭素を出しチーズの中に大きな孔をつくるのです。これをチーズ・アイといいます。

Q17 チーズの硬い皮は何でできているのですか。

A17 樹脂などでコーティングしたもの以外はチーズの表面の水分が少なくなり硬くなったものです。

〈もう少し詳しく〉

硬質のチーズをつくるとき、熟成前に塩水につけたり、塩をこすりつけたりして、表面の脱水を促し表皮をつくります。さらに熟成中に布で拭いたり、ブラシをかけたりして硬い皮をつくっていきます。またチーズによっては、表面に湿り気を与えリネンス菌のコロニーをつくらせて、その菌が出す粘性の物質を堆積し乾燥させる事を繰り返して硬い皮をつくる場合もあります。これをフランスではモルジュといいます。チーズによっては自然のカビが生えるままにしているものもあります。

このチーズの皮を食べるべきかよく問題になります。硬質チーズの皮は硬くて食感も悪いので食べる人は少ないでしょう。ソフトチーズの場合、普通の熟成の状態ではさほど違和感なく皮も一緒に食べられますが、熟成が進むと表皮が乾燥し中身とのバランスが悪くなりますので、除いた方が美味しく食べられます。要は好みの問題です。

Q18 オレンジ色のチーズがありますが、着色しているのですか。

A18 フランスのミモレットや、レッドチェダーと呼ばれるチーズはベニノキの種皮から抽出するアナトーという色素で着色します。

〈もっと詳しく〉

上記のチーズのほか、フランスのリヴァロやマンステルなど、ウオッシュタイプと呼ばれるチーズは、熟成中にリネンス菌と呼ばれる菌を入れた塩水で定期的に洗います。リネンス菌はチーズの蛋白質を分解するとともに、ネバネバした物質と、オレンジ色の色素をつくります。そのためこのタイプのチーズの表面は薄いピンク、或いはオレンジ色になります。

しかし現在ではこれらのチーズもアナトーで色の調整しているようです。アナトーはハム、ソーセージなどにも広く使われている天然の色素です。

Q19 チーズ（cheese）という英語は、フランス語とかなり違いますがこの名称はどこから来たのですか。

A19 cheese はラテン語から古代ゲルマン語を通して現在の英語として定着したものです。イタリア語のフォルマッジョ（formaggio）、フランス語のフロマージュ（fromage）もラテン語由来ですが出発点が少し違います。

〈もう少し詳しく〉

ラテン語で水を切る押し型、つまり凝乳のホエーを切ったりする器をフォルマ（forma）と言ったそうです。これがイタリア語の formaggio とフランス語の fromage になっていきます。南フランスにはフォルマがなまったフルム（fourme）という言葉も残っています。

一方、型に入れずに脱水したカードをラテン語でカセウムあるいはカセウスといったそうです。これが古代ゲルマン語のケゼを介してドイツ語のケーゼ（käse）、オランダ語のカアス（kaas）となり、そこからケエズ、チェズを経て現在の英語の cheese になったということです。

イタリアにもカセウスから派生したと思われるカッチョ（cacio）やカチョッタ（caciotta）などのチーズがありますが、スペイン語のケソ（Queso）、ポルトガル語のケイジョ（Queijo）などもカセウスの流れと思われます。

ちなみに明治から昭和にかけて、日本語ではチーズは「乾酪」と表記したのですが、一般にはあまり普及しませんでした。これは中国語のガンラオ（乾酪）から来たと思われます。

チーズの原料についての質問

Q20 乳（ミルク）とはどのようなものですか。

A20 乳は哺乳動物の、子供が生まれてから一定の期間食料として与える白い液体で子供の生命維持と成長に必要な栄養と免疫を与える大切な食糧です。

〈もう少し詳しく〉

身近なウシ乳、つまり牛乳を例にとって話しましょう。子牛は生まれるとすぐに母牛の乳を飲み始め一定の期間、ミルクだけで生命を維持し成長するわけですから、母体が健康であれば子牛の体に必要な栄養素が過不足なく含まれています。エネルギー源になる脂質や糖質、筋肉を作る蛋白質、骨を作るカルシウムなどの他に、ビタミン、ミネラルなど必要な微量成分がバランスよく、しかも消化吸収されやすい形で含まれています。

それればかりではなく、乳には子供の免疫力を高める物質（免疫グロプリンなど）も含まれているのです。このような乳はヒトにとっても非常に優れた食糧になります。チーズはこの大切な乳を頂いてつくっているのです。

Q21 ミルクはどうして白いのですか。

A21 ミルクの主成分である脂肪と蛋白質が細かい粒子になってミルクの中に分散浮遊していて、その粒子に光が当たると乱反射して白く見えるのです。

〈もう少し詳しく〉

ミルクの脂肪は被膜に包まれた小さな粒子になって浮遊し、乳蛋白のカゼインはミセルと呼ばれる微粒子の会合体となって浮遊しています。これが光を反射してミルク全体が白くみえるのです。

Q22 牛乳の主成分を教えてください。また動物によって成分が違いますか。

A22 日本で最も多く飼われているホルスタイン牛の乳の主成分は１００g中、脂肪３・７g、蛋白質３・２g、乳糖４・７g、灰分０・７gでこれらを固形分といい、残りは水分です。（五訂食品成分表より）これらの乳成分は動物の種類、品種、個体、飼育環境、餌などによっても変化します。

〈もう少し詳しく〉

ウシ乳以外ヨーロッパでチーズに使われる動物の主な成分をあげました。（１００g中）

	乳脂肪（g）	蛋白質（g）	乳糖（g）	カルシウム（mg）
ヤギ乳	4.50	3.30	4.40	130
ヒツジ乳	7.50	5.60	4.40	200
スイギュウ乳	7.45	3.78	4.90	190

（出典：乳利用の民族誌）

Q23 ミルクの成分によってチーズの味はどのように変わりますか。

A23 **チーズの味を決めるのは蛋白質と脂肪ですが、蛋白質はそのままではあまり味はなく、熟成により複雑な旨みがつくられていきます。一方、乳脂肪はそのままでも旨みと芳香があり、これがチーズのおいしさに大きく貢献します。**

〈もう少し詳しく〉

乳の蛋白質は、熟成する時に酵素による様々な作用を経てはじめて複雑な旨味がつくられます。熟成させていないフレッシュチーズが淡白に感ずるのは旨味成分が少ないためです。

一方、乳脂肪はバターを食べて分かるように、そのままでも他の油脂にはない旨味と芳香を持っています。従って淡泊なフレッシュチーズも乳脂肪分を多くすることで、濃厚なおいしさをだすことができます。それがクリームチーズです。

牛などの反芻動物の乳脂肪には、遊離脂肪酸が多く含まれていて、それらが快い風味のもとになります。熟成型チーズではその脂肪も酵素などの作用を受けて複雑な味や香りがつくられ、それが熟成チーズの独特な深い味わいになるのです。例えば、青カビチーズのシャープな風味は主に、脂肪が脂肪酸に分解されることでつくりだされます。しかし長期熟成のチーズでは脂肪が多いと脂肪の酸化やオイルオフ（脂肪がにじみ出る）や不都合な酸化が起こることがあるので、原料乳から脂肪の一部を除くことも行われています。これを「部分脱脂」といいます。（コンテ、パルミジャーノ・レッジャーノなど）

Q24 動物の種類によってチーズのつくり方は変わりますか。

A24 ウシやヒツジの乳は、レンネットでしっかりと凝固するのでチーズはつくりやすく、柔らかいチーズから硬い大型のチーズまでつくられています。それに対してヤギ乳はレンネットが効きにくいので酸を強くし時間をかけて凝固させますが、チーズの組織が崩れやすいため小型につくります。

〈もう少し詳しく〉

ウシとヒツジの乳の蛋白質の性質は似ていてレンネットが効きやすく、ホエーの排出もスムーズなので、固くて大型のチーズをつくるのに向いています。ただしヒツジは乳量が少ないので、大型のチーズは少なく、中型の硬いチーズが多いようです。それに対してヤギ乳はレンネットが効きにくいので、乳酸菌を大量に繁殖させ酸を強くし、その上でレンネットを併用して凝固させます。従ってヤギ乳のチーズは酸味が強くなるものが多いのです。

Q25 どの季節のミルクがチーズづくりに向いていますか。

A25 青草が成長する初夏から夏にかけてのミルクでつくるチーズが最もおいしいといわれています。

〈もう少し詳しく〉

動物の乳は与えられる餌の影響を強く受けます。ウシの場合ですが、日本では土地が狭く放牧が難しいので、屋内で飼育し餌は干し草など、貯蔵されたものが与えられている場合が多く、このような状況では季節による偏差はさほどありません。フランスなどのように、草地に放牧して伝統チーズをつくっている山岳地帯では夏につくるチーズをエテ（été= 夏造り）と言って、特別に品質の高いチーズとして珍重されているものもあります。高山の草花やハーブを食べたウシのミルクは香り高く、その風味がチーズにも反映されます。従ってチーズの旬（食べごろ）はこの季節につくられたものに、それぞれのチーズの熟成期間をプラスした時ということができます。

また青草を食べたウシの乳はカロテンが多くなり、そのためチーズの色が濃くなります。ヤギやスイギュウの乳にはカロテンはほとんど移行しないためそれらのチーズは真白です。冬場の保存飼料として牧草やトウモロコシを乳酸発酵させたサイレージが、広く使われていますが、長期熟成チーズの場合異常発酵のリスクがあるため、搾乳牛にはサイレージを与えるのを禁止している例もあります。

チーズのつくり方への質問

Q26 チーズはどのようにして出来るのか、標準的なシナリオを教えてください。

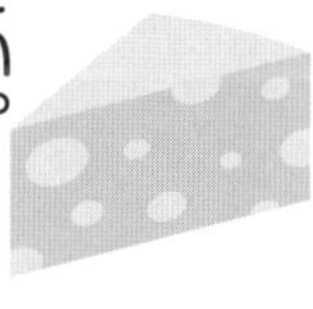

A26

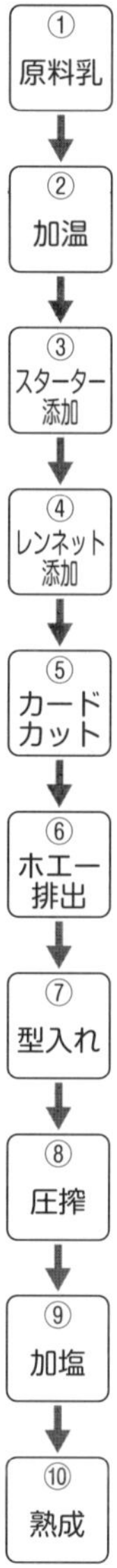

〈もう少し詳しく〉

①原料になる乳は厳重な検査をします。またチーズの種類によっては乳脂肪の一部を取ったり加えたりします。

②乳を温めて乳酸発酵をしやすくします。（30～32℃程度）

③スターターとは主に乳酸菌を純粋培養したもので、チーズにとって最も重要な微生物です。

④レンネットと呼ばれる凝乳酵素を添加し乳酸菌の力も借りて乳を凝固させます。（Q32参照）

⑤乳が柔らかい絹ごし豆腐状に凝固したものを普通カード（curd）といっています。これを小さなキューブ状にカットして水分（ホエー）を出やすくします。

⑥カットしたら静かに攪拌しながら温度を上げていくとカードは水分を放出して収縮していきます。その後ホエーを排出します。

⑦カードがくっ付きあってマット状になったものを型に詰めます。

⑧カードを圧搾しチーズの形をつくります。
⑨チーズによって飽和食塩水に浸して加塩するものや、表皮に塩をすり込む場合があります。
⑩熟成庫に入れて、所定の温度と湿度で一定期間熟成させます。

以上はハード、セミハード系チーズの標準的な製造工程ですが、どのチーズも原理はさほど変わりません。

Q27 乳は運搬すると劣化すると聞きましたが、どういうことですか。

A27 搾ったばかりの乳には主要成分である脂肪球や、乳の蛋白質であるカゼイン・ミセル（会合体）などが分散し微妙なバランスでコロイド状になっていますが、この微細な構造は振動に弱く壊れやすいのです。従って強い振動を受けた原料乳はチーズの生成に微妙な障害を与えるといわれています。

〈もう少し詳しく〉

チーズ以外の乳製品をつくる場合は問題ありませんが、デリケートなチーズづくりには、運搬などの振動によって起こる乳の物理的な変化は、優れた品質のチーズをつくるためには微妙な問題が起こります。従ってヨーロッパの伝統的なチーズをつくっているところでは、高速回転するミルクポンプはできるだけ避け、輸送缶を使って輸送したり、パルミジャーノやグラナのように原料乳の脂肪をとる場合も、遠心分離機を使わずに乳を静置して脂肪を浮き上がらせ脱脂するなど、乳を壊さないよう工夫をしているところもあります。

こうした観点からも、牧場とチーズ工房が隣接する、いわゆるフェルミエ（農家づくり）はおいしいチーズづくりには有利な条件といえます。

Q28 「原料乳から脂肪を取る」とA23にありますがなぜですか。

A28 昔は乳からクリーム（バターの原料）を取った残りでチーズつくるなど、経済的理由もありましたが、長期熟成チーズでは、脂肪が多いと熟成がうまくいかない場合があるので、あらかじめ脂肪を少なくしておくためです。

〈もう少し詳しく〉

昔はバターが高価に売れたので、バターを取った残りでチーズをつくっている場合もありました。カッテージチーズなどがそうです。しかし、遠心分離機が発明される（19世紀後半）以前は、乳の脂肪分を浮上させ、手作業ですくい取るスキミングという方法で脂肪分を取っていたので、脱脂乳（スキムミルク）といっても脂肪はかなり残っていました。従って脱脂乳からつくられるチーズもそれなりにおいしいものができたのです。

一方、特に硬質で熟成が長いチーズは、熟成中に水分が少なくなり相対的に脂肪量が多くなりますが、この脂肪が長い熟成の間に酸化したり表面ににじみ出たりして健全な熟成を妨げることがあるのです。そのために原料乳から一定量の脂肪を除いてチーズをつくります。

Q29 原料乳を殺菌しないチーズがあると聞きますがなぜですか。

A29 伝統的なチーズで原産地名称保護（PDO）の指定を受けているもので無殺菌乳を条件にしているものも少なくありません。これはそれぞれの環境特有の微生物を活かして個性ある

風土の味を守るためです。

〈もう少し詳しく〉

乳の加熱殺菌が行われるようになったのは、フランスのパスツールが微生物の存在を証明した上で考え出した低温殺菌法（パスチャリゼーション）が行われた１８６０年代以降のことです。それまでは何千年も殺菌しない乳でチーズをつくってきました。乳酸菌などのチーズに重要な微生物は、その土地に住みついている菌を無意識に利用していたのです。このようにしてつくられたチーズはその土地ならではの個性ある味をつくりだしてきました。一方、衛生観念の欠如はチーズの品質に大きく影響し、品質が安定しない例も多かったのです。原料乳の殺菌が取り入れられるとチーズの品質は飛躍的に安定し大量生産が可能になったのですが、反面、生産地独自の個性が失われることになります。

特にチーズの風味に大きく関与する脂肪の分解酵素のリパーゼは熱に弱く75℃で活性を失うので脂肪の分解が弱まり、無殺菌乳のチーズに比べると味わいの複雑さに違いがでるのです。

そこで、ヨーロッパの国によっては動物の飼育からチーズの製造まで、細かい規定を作り、厳重な衛生管理のもとで製造することで無殺菌乳チーズをつくることを認めてきました。現在ヨーロッパでは原産地名称保護（ＰＤＯ）の指定を受けているもので、無殺菌乳使用を条件にしているチーズも少なくありません。なお、日本では無殺菌乳でのチーズ製造は認められていません。

Q30

乳の殺菌ってどのようにするのですか。

A30 乳に熱を加えて殺菌しますが、乳の蛋白質は高熱では壊れやすいのでチーズの原料乳は63℃で30分の低温保持殺菌か75℃15秒の高温短時間殺菌法を採用しています。

〈もう少し詳しく〉

市販の飲用牛乳は１３０℃２秒という超高温殺菌法を採用していますが、この牛乳ではチーズはできません。蛋白質の性質が変わってしまいレンネットでは固まらなくなるからです。63℃30分、75℃で15秒という殺菌法は乳蛋白を変性させることなく、ほとんどの病原性細菌や雑菌を死滅させることができるので、チーズづくりにはこれらの殺菌法が採用されているのです。しかし、殺菌乳はチーズに最も大切な乳酸菌も失われているので、必ず純粋培養した乳酸菌スターターを添加します。

Q31

スターターって何ですか。

A31 原料乳の発酵を始動させるための微生物をいいます。殺菌乳を使用する場合は純粋培養した乳酸菌を加え乳の発酵をスタートさせます。

〈もう少し詳しく〉

英語の starter からきています。チーズづくりは、まず乳酸発酵からスタートします。無殺菌乳であれば、搾乳後長時間保持するか加温によって自然の乳酸菌を始動させますが、乳酸菌が繁殖した前日のホエーをスターターにすることもあります。(例：パルミジャーノ・レッジャーノ、コンテなど)。

殺菌乳使用の場合は、純粋培養した乳酸菌をスターターとして加え発酵が開始されます。乳酸菌はチーズにとって最も大切な微生物で、初期の段階では乳糖を餌に乳酸をつくり、乳の凝固を助けますが、チーズの熟成中にも様々な化学変化に関与してチーズの味をつくります。現在では目標とするチーズの味をつくるのに適した菌株を選んだり、複数の菌を使うことも行われています。

またこの段階で、エメンターラーの孔をつくるプロピオン酸菌や、青カビ、白カビ、酵母などを目的によって加えることがありますが、これを二次スターターと呼んでいます。

Q32 ミルクを固めるにはどんな方法がありますか。

A32 **大きく分けると2つの方法があります。ひとつは凝乳酵素を使う「レンネット凝固」、もう一つは酸で固める「酸凝固」です。**

〈もう少し詳しく〉

「レンネット凝固」で最も一般的なのは、生まれたばかりの反芻動物の第4胃から抽出したキモシンと呼ぶ凝乳酵素を使います。この方法は古代ギリシャの後期から行われていました。

また、古代ギリシャ前期から知られていたイチジクの樹液や、現在もスペインやボルトガルで使用されているアーティチョークの雄シベから採った、いわゆる「植物性レンネット」で凝固させる方法があります。

「酸凝固」はヨーグルトのようにミルクを乳酸発酵させて凝固させる方法です。これは乳の主要な蛋白質であるカゼインが※pH 4・6になると凝固する性質を利用するものです。ただしレンネット凝固の場合でも、原料乳を発酵させ酸の力を併用して凝固させるのが一般的です。その他、乳酸発酵で酸度を高めた乳を加熱して凝固させる「酸加熱凝固」でつくられる、いわゆる「東洋形チーズ」にはインドのパニール、チベットのチェルピー、モンゴルのアーロール（内蒙＝ホロート）などが知られています。

※pH（ピーエッチ）＝酸とアルカリの度合いを示す単位。中性はpH7でpH1に近づくほど酸性が強く酸っぱくなる。

Q33 カードカットの目的を教えてください。

A33 カードのカッティングは、カードの表面積を増やして、ホエーの分離を早める目的で行われる作業です。

〈もう少し詳しく〉

カッティングはチーズづくりで最もタイミングが難しい重要な作業で、一般的にはピアノ線を張ったハーブと呼ばれるカードナイフで柔らかい絹ごし豆腐状のカードをキューブ状にカットします。この作業はカードからの離水（シネレシス）が目的で、硬いチーズをつくる場合はカード粒を細かくし、徹底的にホエーを分離しますが、柔らかいチーズの場合は大粒にカットし、まだカード内にホエーが残っているうちに孔のあいた型に流し入れ、自重でシネレシスと成型が行われるようにします。またカマンベールのようにほとんどカットしないで、ルーシュ（お玉）でカードを掬い取って型詰めするチーズも多いのです。

硬質チーズの場合は、カードを細かくカットした上でさらにカードを収縮させシネレシスを促すために温度を高くします。（最高では55℃前後まで加熱）このようなチーズを「加熱圧搾タイプ」といい、イタリアチーズに多い「半加熱圧搾タイプ」と呼ばれるチーズはカードの温度を中程度（45℃前後）に上げます。

余談ですが、普通カードと呼んでいるものは、厳密にはカットされた凝乳を指し、ミルクが固まったカット前の凝乳をジャンケット（Junket）と呼びます。

Q34 ホエーとはどのようなものですか。

A34 乳を凝固させ、それを切ったり崩したりした時に、そこからにじみ出てくる薄い緑黄色の水分をホエーと呼んでいます。

〈もう少し詳しく〉

日本語では乳清、あるいは乳漿（にゅうしょう）といい、チーズをつくる時に大量にでる副産物です。ヨーグルトから分離してくる水分もホエーです。

Q35 ホエーにはどんな成分が含まれていますか。また、その利用方法を教えてください。

A35 ホエーの94％前後が水分です。その水分を除いた固形分の内70％前後が乳糖で残りは蛋白質、カルシウムなどです。

〈もう少し詳しく〉

ホエーからつくるチーズはリコッタ（Q44参照）などのチーズもありますが、ヨーロッパでは餌として養豚などで利用してきましたが、大きなチーズ工場では、大量にでるホエーは濃縮、乾燥するなどして製菓原料や育児用粉乳など食品や化粧品にも使われています。また、免疫力を強化するなど、ホエー蛋白の機能性も注目されています。

Q36 カードウオッシングとはどのような工程で、目的はなんですか。

A36 セミハード系のチーズで行われる工程で、ホエーを部分的に抜いた後にお湯を加えて、細菌の餌になるホエー中の乳糖を薄めるために行われるものです。

〈もう少し詳しく〉

ゴーダやラクレットなど、しなやかな生地をつくるためには、チーズの生地に、ある程度の水分を残さなくてはなりません。しかしホエーをそのまま残すと乳糖も残ってしまい、それが雑菌の餌になり健全な熟成が阻害される可能性が高くなります。ゴーダの場合カッティングの後、カードがしっかりしてきたら攪拌を止めて、カードをチーズバットの底に沈め、ホエーを3分の1ほど抜きます。そのあと静かに攪拌しながら80℃のお湯を少しずつ加え、全体の温度を38℃まで上げ、カードが所定の硬さになったら、カードを集めて、ホエーの中で圧搾して大きなマット状にします。その後、ブロックに切り分けてモールドに詰めてプレスし、しっかりとした形をつくります。こうする事で乳糖や酸も薄められ、適度に水分を含んだしっとりとしたボディのチーズができるのです。

Q37

圧搾とはどのような工程ですか。

A37 主としてセミハード、ハードタイプのチーズで行う工程で、排水後のカードをモールドに入れて加圧し、チーズの形をつくるのが主な目的です。

〈もう少し詳しく〉

製造現場ではプレスするといい、何かホエーを搾りだすというイメージがありますが、レシピ通りにつくられたカードにはホエーはほとんど残っていません。この操作はカードをしっかりと結着させチーズの形をつくるために行うもの。分類ではこのようなチーズを「圧搾タイプ」と呼んでいます。「加熱圧搾タイプ」と呼ばれるものは、Q33で述べたように、カードを加熱してから圧搾したものです。

Q38

加塩はチーズに塩味をつけるために行うのですか。

A38 塩味をつけるほか、チーズがうまく熟成する手助けもします。また硬質チーズの場合、初期の段階で塩の浸透圧を利用してチーズの外側を脱水して硬い皮をつくり、雑菌の侵入を防ぎチーズの型崩れを防ぐ役割もします。

〈もう少し詳しく〉

チーズはフレッシュチーズなどの一部を除いて必ず塩をします。方法は大きく分け、直接チーズの表面に塩をすり込む「乾塩法」と、飽和食塩水にチーズを浸す※「ブライン法」があります。また、型入れ前のカードに直接塩を混ぜるやり方もあります。(例:チェダー、スティルトン、カンタルなど)

チーズにとって塩は重要で、風味付けの他に雑菌の繁殖を防ぐと同時に、乳酸菌の活動を助けたり、青カビなどの有用微生物が活動しやすい環境をつくったり、酵素の活性をコントロールするなど、チーズの健全な熟成を助ける働きをします。

※ブライン（brine）＝食塩水。

Q39 チーズの熟成とはどんな現象をいうのですか。

A39 簡単にいえばグリーンチーズ（成型したばかりのチーズ）に含まれる蛋白質や脂肪などが、微生物や酵素の作用を受けアミノ酸や脂肪酸などの多くの物質に変化し、グリーンチーズにない風味や物性がつくられてゆく現象をいいます。

〈もう少し詳しく〉

原料由来や微生物が出す酵素の作用により、グリーンチーズに含まれる蛋白質がアミノ酸に分解されて旨味成分を作り、脂肪は脂肪酸に変化して芳香や甘味、刺激味などをつくりだします。

一方水分の多いチーズの生地は溶けて柔らかくなり、長期熟成のチーズは時間の経過と共に水分が減って硬くなり、アミノ酸は結晶化して旨味はさらに強くなります。

　こうした現象がからみ合い、複雑な化学的変化が進行するのがチーズの熟成です。一般的には低温、高湿度の熟成庫で1～2週間、長いものでは1～2年間熟成させます。柔らかい小型のチーズの熟成期間は短く、硬くて大型のチーズは長くなります。熟成期間もチーズの個性的な味をつくるためには重要な要素で、ＰＤＯ指定のチーズは、最低熟成期間を定めています。

Q40 チーズの熟成はどのような方法で行うのですか。

A40 チーズは低温、高湿度の部屋の中につくられた木製の棚板の上で熟成させるのが一般的です。カマンベールやブリのように表面に微生物を繁殖させるチーズは、棚板に麦わら（現在はプラスティック製、あるいはスチール製）のスノコを敷いてその上で熟成させます。

〈もう少し詳しく〉

　チーズの熟成で最も重要なのは、温度と湿度を均一に保つことです。そのため空調設備のなかった時代は、地下室や洞窟などを利用していたのです。

　また、熟成中の大切な作業は、チーズを定期的に反転し、チーズの表面を清潔に保つことです。特にできたばかりのチーズを反転しないで放置すれば、中央が窪んだり変形したりする上に、接地面とその上部の環境が違うため、均一な熟成ができません。常にチーズの状況を細かく観察し、毎日手当てをしなければ品質のいいチーズはできないのです。したがって「熟成士」という特別な技術者がいるほど重要で難しい仕事です。

Q41 チーズのタイプによって熟成の進行の仕方が違いますか。

A41 チーズの熟成は一般的には表面から中心に向かって熟成していくものと、チーズの内部全体が、ほぼ均一に熟成していくものがあります。

〈もう少し詳しく〉

カマンベールのように、表面にカビなどの微生物を繁殖させて熟成させるものは、微生物によるカードの分解などの作用は表面から中心に向かって進行します。一方大型のセミハード、ハード系のチーズの熟成はおおむねチーズ全体が同時に進行します。

また青カビのチーズは、チーズの内部に隙間をつくり、そこに青カビを繁殖させるので、カビが植えられた内部から熟成します。青カビは空気が必要なので、チーズに金串で空気孔を開けてカビの活動を助けたりします。

Q42 チェダーチーズは酸味があり、崩れやすいのは製法が違うからですか。

A42 イギリス原産のチェダーは、専門用語では「チェダリング」という、特殊な操作を経てつくられるので、他の硬いチーズとは異なった物性と風味を持っています。

〈もう少し詳しく〉

チェダーは、乳の凝固、カードの収縮と離水（シネレシス）までは他の硬質チーズと変わりませんが、マット状になったカードをブロック状に切って積み重ね、保温しながら15～20分毎に積み替えや反転を繰り返しホエーの排出と乳酸菌の活動を促します。この操作を繰り返すうちにカードは弾力性を増し、白い肉といわれる鶏のささ身状態になり酸味も強くなります。この操作を「チェダリング」といいます。次にこのカードを細断（ミリング）し、塩を加えてからモールドに詰めてプレスします。このように硬く締まったカードを細かく切って成型するのでチーズの組織はもろくなるのです。

このような製法をとっているものに、フランスのカンタル、ライオル、サレールなどがあります。

Q43 モッツアレラはかなり特殊なチーズのようですが、つくり方を教えてください。

A43 モッツアレラの製法は、Q42のチェダリングのところまでほぼ同じと考えて下さい。チェダリングを終えたカードを細かく切り熱湯で溶かして煉り、これを丸くちぎって塩水で冷やしたものがモッツァレラです。

〈もう少し詳しく〉

少し専門的ですが、チェダリングの操作でカードの※pHが5・3〜5・1になると、カードは熱で溶けて伸びるようになります。このカードを細かく切り、75〜85℃位のお湯を注いで煉るとつき立ての餅のようになり、引き伸ばすと繊維状の組織になります。生地が溶けたらお湯を捨てさらに練ります。この製法をイタリア語で「パスタ・フィラータ（糸のようなパスタ）法」といいます。英語ではストレッチカードです。モッツァレラはこの生地を熱いうちに丸くちぎって塩水で急速に冷やしたものです。イタリア語のmozzare（切り取る）がこのチーズの名前になりました。本来モッツァレラは南イタリアでスイギュウ乳からつくられていました。これがウシ乳でも造られるようになり、全世界に広がりました。

他にパスタ・フィラータ法でつくられるチーズに、カッチョ・カヴァッロ、プロヴォローネ、ストリングチーズなどがあります。

※pH＝酸とアルカリを示す単位。中性はpH7でpH1に近づくほど酸性が強くなる。

Q44 ホエーでつくるチーズがあると聞きましたがどんなチーズですか。

A44 ホエーにはレンネットでは凝固しないホエー蛋白質が含まれており、これを回収するため、ホエーに乳を加えて発酵させて酸度を高めた上（酢酸を加える場合もある）で加熱して、凝固した蛋白質を回収してつくるものです。イタリアのリコッタがよく知られています。

〈もう少し詳しく〉

ホエーチーズはリコッタ（ricotto＝二度煮るが語源）のほか、フランスのコルシカ島で同じ方法でつくられるブロッチューがあります。

ウシ乳のホエーにはホエー蛋白は少なく効率が悪いのであまりつくられず、ウシ乳ホエーの5～6倍のホエー蛋白質を含むヒツジ乳のホエーでつくられることが多いのです。従ってペコリーノなどのヒツジ乳チーズが多いイタリアでよくつくられています。ブロッチューもヒツジ乳のホエーでつくります。（一部ヤギ乳を混ぜる場合も）

また、ホエーにクリームを加えて煮詰めてつくるノルウェーのイェイトストもホエーチーズの一種です。

これらは原料が乳でないため、チーズの仲間に入るかは、しばしば議論されましたが、イタリアやフランスではチーズのカテゴリーに入れているようです。

Q45 ヤギ乳のチーズで表面が真っ黒なのがありますが、あれはなんですか。

A45 あの黒いものは、木炭の粉に塩を混ぜてふりかけたものです。食べても全く問題はありません。

〈もう少し詳しく〉

これはシェーヴルだけに行われる処理です。ヤギ乳はレンネットが効きにくいので、時間をかけて乳酸菌を繁殖させ、酸を強くして凝固させますが、カードからの水分の抜けが悪く、出来上がった生地は柔らかくてくずれやすいのです。そこで木炭の粉を振りかけることで木炭に表面の水分を吸収させ、表面の乾燥を速めてチーズの形を保つのです。熟成が進むところの上に白カビなどが生えてきますが、食べても害はありません。

この工程をフランスではシャルボンヌ（Charbonne）といいます。

チーズの分類に関する質問

Q46 チーズの種類は多くわかりにくいのですが、どのような分類の仕方がありますか。

A46 日本では1989年にチーズ&ワインアカデミーがテキストに採用した、(A)「ナチュラルチーズ7つのタイプ」が、マスコミや販売現場にほぼ定着しています。また、チーズプロフェッショナル協会（CPA）は、(B)「CPAによるナチュラルチーズの分類」を提案し教本に載せています。

〈もう少し詳しく〉

(A)の分類＝①フレッシュ（非熟成）タイプ。②白カビタイプ。③ウオッシュタイプ。④シェーヴル（山羊乳）タイプ。⑤青カビタイプ。⑥セミハードタイプ。⑦ハードタイプ（含超硬質）。

以上の分類はフランスの分類法を取り入れたものと思われますが、その後イタリア、スペインなどのチーズが輸入され、右記の分類では対応できない場合も多くなったので、チーズプロフェッショナル協会では(B)の分類法を提案しています。

(B)の分類＝①フレッシュタイプ（非熟成）。②ソフトタイプ（軟質熟成）。③青カビタイプ（軟質、半硬質の青カビ熟成）。④圧搾タイプ（半硬質、硬質）。⑤加熱圧搾タイプ（硬質、超硬質）

※(B)の分類法では水分値、乳種、製法など細かい条項が付記されている。

Q47

分類の中でフレッシュ、非熟成タイプとあるのはどのようなチーズですか。

A47 乳やクリームなどを凝固させ、ホエーを分離させたものを熟成させないでそのまま食べたり、料理の素材などに供するチーズをいいます。

〈もう少し詳しく〉

具体的にはカッテージ、マスカルポーネ、クリームチーズなどがこのカテゴリーです。フランスでのフロマージュ・ブラン（白いチーズ）、フロマージュ・フレ（新鮮なチーズ）、ドイツで大量に消費されるクワルクなどです。一般的には乳酸菌を発酵させて乳酸で凝固させるもので、酸味が強くヨーグルトに近いものもあります。

Q48

ヤギ乳のチーズはなぜ「シェーヴルタイプ」という一つのジャンルになっているのですか。

A48 ヤギ乳でつくるチーズはウシやヒツジのものとは、物性も風味もかなり違い製法も独特なものが多いため一つのカテゴリーにすることが多いのです。

〈もう少し詳しく〉

フランス語で chèvre（シェーヴル）はヤギの事ですが、ヤギ乳はレンネットが効きにくいために乳酸菌を多くして乳酸の力も借りて凝固させますが、出来上がったチーズは粘りがなく崩れやすいので小型のものが多いのです。そのためかチーズの形が様々で、メダル型、饅頭型、コルク栓型、バトン型、ピラミッド型などバラエティに富んでいます。また熟成も短く、好みの熟成段階で食べられるのもシェーヴルチーズの特徴の一つです。木灰や木炭の粉を付けたりカチカチに乾燥させたものなど、他のチーズにはない特徴と、ヤギ乳チーズ独特の風味を持っています。

Q49 ウオッシュタイプといわれるチーズとはどんなチーズですか。

A49 **フランスに多いソフトチーズで、表面を塩水などで洗って湿らせ、枯草菌の一種であるリネンス菌を繁殖させて熟成させるタイプのチーズです。**

〈もう少し詳しく〉

リネンス菌は枯草菌などのように自然界に存在する微生物で、チーズの表面を塩水で洗って湿り気の多い状態を保つと、その環境を好むリネンス菌が優先的に繁殖します。この菌はチーズ表面の蛋白質や脂質を分解し、匂いの強い赤色の粘膜をつくるので、チーズの表皮は薄いピンク色になり、強い匂いを放つようになります。しかし、リネンス菌は空気がないと活動できないので、このような変化はチーズの表面だけで進行し、中身の生地の熟成は乳酸菌など他の微生物が担うことになります。従ってこのチーズの匂いの強いのは表皮が主体で、皮を取り除くと意外に臭くありません。

この菌がつくる粘性の膜は他の雑菌を寄せ付けないので、他の硬質チーズなどでもこの粘膜を堆積、乾燥させ角質の硬い皮をつくり有害細菌からチーズを守ったりします。しかしこれらのチーズはウオッシュタイプには入りません。カマンベールやブリなど、熟成が進んでくると茶色の斑点がでてくるのは、白カビが衰退した後にリネンス菌や酵母が繁殖し始めるからです。

チーズに対するEUの保護制度についての質問

Q50 ヨーロッパの「原産地名称保護制度」とはどんな制度ですか。

A50 地域や伝統に根ざしたその土地特有の食品や農産物の品質を公的機関が認証し、それらを偽物やまがい物から守ると共に、消費者に正しい情報を提供する目的で1992年にEU委員会がシステムを統一して誕生した制度です。

〈もう少し詳しく〉

この制度は以前からあった、フランスのAOCイタリアのDOCを参考に作られた認証システムですが、EU圏の国ごとの基準で認証された製品は改めてEU委員会の基準で審査され、その結果は公表され、異議申し立てなどの問題がなければPDOの統一マークを付けることを許されます。EUではこの他に「地理的表示保護（IGP）」、「伝統的特産品保護（PGI）」なども認証しています。

PDO（Protected Designation of Origin ＝原産地名称保護）は最も厳しい基準で、原産地名称保護の指定を受けた製品は、原料から完成品まで名乗った産地で定められた規定に従ってつくられ、最終製品も厳しい審査に合格しなくてはなりません。（イタリア、スペイン、ポルトガ

P.D.O. マーク

ルの表記はＤＯＰ、フランスはＡＯＰ）

ＰＧＩ（Protected Geographical Indication ＝地理的表示保護）は、生産、加工、調整などの一工程以上が、名乗る生産地で行われた製品で、味が産地の特徴を持っていると認められたもの。（フランス、スペインではＩＧＰ）

その他にＥＵはオーガニックの規定も定め申請の上、審査に合格したものには、下記の統一認証マークを付けることが許可されます。

P.G.I. マーク

オーガニックマーク

Q51

ＥＵの原産地名称保護制度の手本になったというフランスのＡＯＣ．とはどんな制度ですか。

A51

優れた農産物の品質を国が認定保障し、偽物やまがい物から守る制度で、産地が政府機関に申請し審査の上、認可するかなり厳格な制度です。

〈もう少し詳しく〉

ＡＯＣ（Appellation d'Origine Cntorôlée）は原産地呼称統制などと訳されています。

19世紀後半から起きたフィロキセラ虫害のためにフランスワインが壊滅状態になり、その後の回復期に、有名産地を詐称する劣悪な偽物ワインが横行しました。それを防ぐために１９１９年に原産地名称の権利を承認する草案がつくられたのがＡＯＣの前身です。
ＩＮＡＯ（国立原産地品質研究所）という機関が、審査から認可、管理を行っています。認可された農産物は、ワイン（フランスでワインは農産物）が最も多く、チーズ、バター、クリームなどの乳製品から、食肉、レンズ豆などがあります。
ＥＵに加盟していないスイスではチーズに独自の制度（※ＡＯＣ）を定めています。

※ＥＵに加盟していないスイスですが、欧州連合との連携を保つために２０１０年にＥＵが定めるＡＯＰを採用することに合意。グリュイエールチーズがＡＯＰ承認第一号となりました。

Q52 フランスでは今後も独自の原産地名称保護マークを使うのですか。

A52 フランスでは2009年5月1日からチーズに限らず原産地名称を持つ製品は一部を除きPDOに認証され、統一マークが付けられます。

〈もう少し詳しく〉

フランスチーズはこれまでＥＵの定めるＰＤＯは使わず従来の呼び名のＡＯＣを使用していましたが、２００９年５月よりＥＵの定める認証制度ＰＤＯを採用、認証マークもＥＵ各国で使われている統一されたものが表示されます。ＥＵの認証制度名はＰＤＯ（Protected Designation of Origin）ですが、フランス語ではAppellation d'Origine Protegée となるため略号はＡＯＰになります。

フランスのＡＯＣの認証チーズは２０１１年2月現在46種類ありますが、そのうちＥＵのＰＤＯ（ＡＯＰ）の認証を受けたものは42種類です。

従来フランスチーズに付けられていたＡＯＣマークは、これ以降はＥＵの認証を受けた段階で、ＥＵが定める統一マークに変わります。ただし、国内のＡＯＣ認証された製品はＥＵの審査から認証までの期間、ＩＮＡＯ（国立原産地品質研究所）が定めるＡＯＣマークを表示することになります。下の右がＡＯＣマーク。

A.O.P. マーク

A.O.C. マーク

フランスチーズについての質問

Q53 フランスチーズの特徴を教えてください。

A53 フランスチーズの特徴は何といっても多様性にあります。ウシ、ヒツジ、ヤギ乳のチーズがあり、すべてのタイプのチーズを網羅している上に、様々な形と、小は15ｇから、大は70kgを超えるチーズまであり、非常にバラエティに富んでいます。

〈もう少し詳しく〉

フランスチーズの多様性は、国土の多様性からきています。セーヌ、ロワール、ローヌ、ジロンドの四つの大河が流れ、その流域には平野が広がっています。また、アルプス、ヴォージュ、ジュラ、ピレネーの山脈と中央山塊があり、地中海と大西洋にも接しています。

Q13でも述べた通り、チーズづくりは風土の影響を強く受けるので、バラエティに富む風土が様々な形のチーズを育てたのです。また、早くから原産地名称保護制度を取り入れたため、ＡＯＣの認定を受けたチーズは、伝統の味を守りながらも極めて品質の高いものです。

また、フランスではテロワール（地勢、気候風土＋文化）という考え方が根強くあり、チーズに限らず、すべての食品は土地や風土や人が変われば、味も変わるのは当然とし、他所ではまねのできない土地のオリジナリティを非常に大事にしています。

フランスチーズのタイプでは、他の国には少ない白カビ、ウオッシュなどのチーズが多いのもフラ

ンスチーズの特徴でしょう。

〈AOCに認証されたタイプ別のチーズ〉

フレッシュタイプ	1種類（ヤギ乳、ホエー）
白カビタイプ	5種類
青カビタイプ	7種類（ヒツジ乳一種）
ウオッシュタイプ	7種類
シェーヴルタイプ	14種類
圧搾タイプ	8種類（ヒツジ乳一種）
加熱圧搾タイプ	4種類

これほど多くのタイプのチーズを網羅している国はフランスのほかにはありません。

Q54 これらフランスチーズは産地の気候風土の影響をどのような形で受けていますか。

A54 フランスでは、農産物に対して産地の気候風土と地域性を強く意識しており、これをテロワール（Terroir）といっています。従って、チーズもそのテロワールから生まれた、伝統

的製法を守ることにこだわりを持っています。

〈もう少し詳しく〉

テロワールにこだわってつくられているチーズを見ると、その産地の姿が大体見えてきます。例えば硬くて大型の、圧搾や加熱圧搾タイプなら、アルプス地方、ジュラ、中央高地などでつくられるチーズです。ブルーチーズも山の中でつくられています。柔らかい小型のチーズであれば、フランスの西部や北部の平地でつくられるものが多く、白カビを利用したしたものは西部のノルマンディー地方や、パリ周辺のイル・ド・フランスあたりでつくられています。ウオッシュタイプはフランス北部に多いチーズです。

シェーヴルの産地はロワール川流域から、乾燥した南フランスに広がっているという具合です。多様性に富んだフランスのチーズやワインを深く理解するためには、フランスの変化に富んだ風土と地理を、更に文化まで学ばなくてはなりません。

Q55 フランスチーズのＡＯＣとはどのような制度ですか。

A55 フランスの公的機関が、特定の気候風土と文化的背景によってつくられた伝統的なチーズの品質を保証すると共に、そのチーズの名声をも保護するものです。

〈もう少し詳しく〉

この制度は長い間かかって特定の地勢、風土、人によってつくられ続けてきた、文化的遺産ともいうべき個性あるチーズの品質をフランス国が保障し、その名声を守るための制度です。そのためには当然、製造上の細かく厳しい規定があります。その中で大きく分けると下記の４つの明文化された規定があります。

①原料乳の種類と産地（動物の種類、品種の規定。乳の集荷エリアの規定）

②製造場所と製造方法（乳の産地と製造場所が近いこと。製造方法の厳密な規定）

③熟成場所と熟成期間（熟成も製造地と同じエリアで。熟成期間の規定）

④形、外皮、重量、含有乳脂肪分（それぞれのチーズごとに規定されている）

　以上の規定はそれぞれチーズごとに細かい条項が織り込まれ、その規定を守った上でつくられたチーズが、官能的評価（風味）でも、原産地を名乗ったチーズの特徴が備わっているかも審査されます。このように、この制度の目的は何よりテロワール（地勢、気候風土＋伝統文化）によってつくられた、土地特有の個性ある味を守ろうとするものです。歴史的にＡＯＣの認証第一号はロックフォールですが、現在も毎年いくつかのチーズが申請されており、それらはその都度審査され条件が満たされたものは認可されます。２０１１年２月現在ＡＯＣの認証を受けたチーズは46種類です。

Q56 フランスのＡＯＣチーズは全生産量の何％ぐらいですか。

A56 フランスのＡＯＣチーズの年間生産量は19万トン強で、全生産量の10％を少し超えるくらいです。

〈もう少し詳しく〉

ＡＯＣチーズの生産量ランクは下の通りです。

Comté（コンテ）	47.468t
Roquefort（ロックフォール）	19.049t
Cantal（カンタル）	17.117t
Reblochon（ルブロション）	16.100t
Saint -Nectere（サン・ネクテール）	13.825t

（出典：コンテ生産者協会日本事務所。2007年度）

Q57 フランスのＡＯＰチーズを教えてください。

A57 ２０１１年2月現在、ＥＵの制度であるＡＯＰの認可を受けたチーズは42種類です。現在申請中のチーズもあり、今後も増えていくものと思われます。

〈もう少し詳しく〉

「ＡＯＰチーズのリスト」

※このリストの中には、AOP未承認のAOC認証のチーズも入れてあります。

〈凡例〉

チーズのタイプ：Fr＝フレッシュ　F＝白カビ　B＝青カビ　C＝シェーヴル
L＝ウオッシュ　P＝圧搾　Pc＝加熱圧搾

乳　種：牛＝ウシ乳　山＝ヤギ乳　羊＝ヒツジ乳　無＝無殺菌乳

「北東部」

カマンベール・ド・ノルマンディ（Camembert de Normandie）・・F　牛　無
ヌーシャテル（Neufchâtel）・・F　牛
ポン・レヴェック（Pont-l'Evêque）・・L　牛
リヴァロ（Livarot）・・L　牛

「中央部」

ブリ・ド・モー（Brie de Meaux）・・F　牛　無
ブリ・ド・ムラン（Brie de Melun）・・F　牛　無
シャビシュー・デュ・ポワトー（Chabichou du Poitou）・・C　山
シャヴィニョル（Chavignol）・・C　山
プーリニィ・サン・ピエール（Pouligny-Saint-Pierre）・・C　山
サント・モール・ド・トゥーレーヌ（Sainte-Maure de Touraine）・・C　山
セル・シュール・シェール（Selles-sur-Cher）・・C　山　無
ヴァランセ（Valençay）・・C　山　無

「北部と北東部」

マロワール（Maroilles）・・L 牛

マンステル／マンステルジェロメ（Munster/Munstelr Géromé）・・L 牛

シャウルス（Chaource）・・F 牛

ラングル（Langres）・・L 牛

「東部」

エポワス（Epoisses）・・L 牛

アボンダンス（Abondance）・・Pc 牛 無

ボーフォール（Beaufort）・・Pc 牛 無

コンテ（Comté）・・Pc 牛 無

モンドール／ヴァシュラン・デュ・オー・ドゥー（Mont d'Or/Vacherin du Haut-Doubs）・・L 牛 無

モルビエ（Mrbier）・・P 牛 無

ブルー・ド・ジェックス／ブルー・デュ・オー・ジュラ／ブルー・ド・セットモンセル（Bleu de Gex/Bleu du Haut-Jura/Bleu de Septmoncel）・・B 牛 無

ブルー・デュ・ヴェルコール・サスナージュ（Bleu du Vercors-Sassenage）・・B 牛

ルブロション・ド・サヴォワ（Reblochon de Savoie）・・P 牛 無

シュヴェロタン（Chevrotin）・・C P 山 無

トム・デ・ボージュ（Tome des Bauges）・・P 牛 無

ピコドン（Picodon）・・C 山

マコネ（Maconnais）・・C 山 無 ※フランスＡＯＣ指定

グリュイエール（Gruyère）・・Pc 牛 無 ※フランスＡＯＣ指定。２０１０年ＩＧＰに。

リゴット・ド・コンドリュー（Rigotte de Condriu）・・C 山 無 ※フランスＡＯＣ指定

シャロレ（Charolais）・・C 山 無 ※フランスＡＯＣ指定

「オーヴェルニュと南部」

サンネクテール（Saint-Nectaire）・・P 牛

カンタル（Cantal）・・P 牛

サレール（Salers）・・P 牛 無

ライオル（Laguiole）・・P 牛 無

ロックフォール（Roquefort）・・B 羊 無

ブルー・デ・コース（Bleu des Causses）・・B 牛

ブルー・ドーヴェルニュ（Bleu d'Auvergne）・・B 牛

フルム・ダンベール（Fourme d'Ambert）・・B 牛

フルム・ド・モンブリゾン（Fourme de Montbrison）・・B 牛

バノン（Banon）・・C 山 無

ペラルドン（Pélardon）・・C 山 無

ロカマドゥール（Rocamadour）・・C 山 無

オッソー・イラティ・ブルビ・ピレネー（Ossau-Iraty Brbis Pyrénées）・・P 羊

ブロチュー（Broccio）・・Fr 山 ホエー

北部と北東部
西部
中央部
東部
オーヴェルニュと南部

Q58 フランスではチーズの名前はどのようにしてつけているのですか。

A58 フランス伝統チーズの80%前後はつくられた地方、町、村の名前がチーズ名になっています。

〈もう少し詳しく〉

フランスの伝統チーズの原型が出来上がるのは、ほとんどが中世の半ば位からです。その頃は交通も不便で治安も悪かったので、村や町などのコミュニティー間の交流は想像以上に少なかったようです。そのためにチーズは各コミュニティー内で独自の進化をとげ、個性的なチーズとして地元に根付いてきました。有名な一部のチーズを除いて、19世紀後半に鉄道が敷設されるまで、地方のチーズがパリまで送られることは少なかったのです。

当然商品名などという概念もなかったので「何々村のチーズ」という風に産地名で呼ばれ、現在に至っているというわけです。「一村一チーズ」というフランスの諺は、このような状況を示しているのです。

Q59 フランスのＡＯＰチーズのラベルの読み方を教えください。

A59 次頁の写真に示したのはカマンベール・ド・ノルマンディーという名称のチーズの表示です。円形のマークがＡＯＰの認証マークです。カマンベールの名を冠した物はたくさんありますが、このマークがないものは、伝統的な製法を採っていません。

〈もう少し詳しく〉

写真のように小型のチーズを丸ごと買えばよく分かりますが、大型のチーズでは小さなラベルを貼ってある場合や地肌に刻印されている場合もある上に、カットされて売られることが多いので、表示を読み取ることができない物もあります。

〈表示の説明〉

①Fabriqué et affiné à Isigey（Calvados）＝カルヴァドス県のイジニィで製造熟成された。

②Isigny Ste Mère＝会社名。イジニィ・サント・メール社

③ＡＯＰマーク

④CAMEMBERT DE NORMANDIE＝ＡＯＰ認可の原産地名称保護名。

⑤APPELLATION D'ORIGINE PROTÉGÉE＝ＡＯＰの認可を受けた。

⑥MOULÉ A LA LOUCHE＝規定通り型入れはルーシュ（お玉杓子）を使った。

⑦Au Lait Cru＝無殺菌乳でつくられた。

右記の表示で重要なのは③のＡＯＰマークと④の原産地名です。この二つが分かれば、すべて、規定にのっとった製法でつくられた原産地名にふさわしい品質のチーズであることが

分かりますが、これ程詳しく記載していないチーズもあります。

付録「フランスチーズのエピソード集」

エピソードを知ることはチーズを深く理解する近道です。

オージュの三羽がらす、ポン・レヴェック、リヴァロ、カマンベール

ノルマンディ地方に大西洋に南からまっすぐに流れる込む川があって、その川に沿った一帯をペイ・ドージュ（Peys d'Auge= オージュの国）と言います。河口から少し入るとポン・レヴェックの町があり、そこから40㎞の間にリヴァロとカマンベール村がほぼ直線上にあります。まさに村の名がチーズの名前になっている場所です。

ポン・レヴェック（Pont-l'Evêque）とリヴァロ(Rivarot)は、この地方では古いチーズで13世紀にはすでにアンジェロ（後にオージェロ）の名で知られていました。

両方ともウオッシュ・タイプでポン・レヴェックは四角く、リヴァロは円筒形で側面にレーシュ（laîche）という草の茎（現在は紙製）が巻かれています。その様子が軍服の袖口に似ているので大佐(コロネル)の名で親しまれました。現在ではこの二つのチーズにカマンベールを加えてオージュの三大チーズと呼ばれています。でも、いまをときめくカマンベールは、まったくの新参物です。

カマンベールの誕生はフランス革命の時代、カマンベール村に住む主婦のマリー・アレルのもとに、共和国憲法に対する宣誓を拒否した司祭がパリから亡命してきます。その司祭は白カビチーズであるブリの技術をマリーおばさんに伝授し、カマンベールが誕生したといいます。おばさんは娘にそのレシピを伝授。娘はつれ合いとチーズの増産に励み、19世紀の中ごろに、その孫息子がパリからの鉄道開通式に訪れたナポレオン3世に献上して喜ばれたといいます。さらに、19世紀の後半にジョルジュ・ルロワが、現在のようなポプラ材のパッケージを発明し、輸送が容易になって大ブレークします。

先のマリー・アレル発明説の真偽のほどは分かりませんが、20世紀になって、カマンベールの世話になったというアメリカ人が現れカマンベール村の隣のヴィムーチェにマリー・アレルの像を立ててしまいます。このようなことが重なり、カマンベールは世界中に知られ、イミテーションがたくさんつくられるようになるのです。初代のマリー・アレル像は先の大戦で破壊され、現在あるのは2代目のマリー・アレル像です。

ハート型で人気のヌーシャテル

オージュより北のセーヌ右岸でつくられる白カビタイプのチーズですが、ソフト系にしては少しつくり方が変わっている。時間をかけて乳酸発酵させて凝固させたカードを布袋に入れて脱水した後、カードをこねながら、白カビと塩を混ぜて型につめます。

クール（cœur= ハート型）、カレ（carré= 四角）、ボンドン（bondon =樽栓型）の三つの形があり、ビロードのような白カビに覆われたヌーシャテルは優しげですが、味はかなり個性的です。

ハート型のヌーシャテルは英仏百年戦争（１３３７〜１４５３年）の折にノルマンディの少女が、敵国の英兵のためにつくって捧げたのが始まりとされます。このような話が好きな日本のチーズ愛好家にはよく知られた話ですが、あちらの文献には見当りません。

このチーズも千年ほどの歴史がある古いものですが、パリにデビューしたのは、１８０２年にグリモ・ド・ラ・レニエールという、グルメジャーナリズムの先駆者が創刊した「食通年間」に掲載されてからだそうです。

ブリ（Brie）三兄弟の中からチーズの王が選ばれる

パリの東部一帯でつくられるブリ（Brie）と呼ばれる白カビのチーズは、近郊の村々でたくさんつくられていたようですが、現在日本でも知られているのは、モーのブリ（Brie de Meaux）、ムランのブリ（Brie de Melun）、それと、普通はクロミエと呼ばれるBrie de Coulommiers の三つでしょう。前の二つはＡＯＰを取得しています。クロミエは最も小さくて、大型のカマンベールといった感じでしょうか。

フランスのチーズの中でもブリほど多くのエピソードを持つチーズは少ないでしょう。その記録は8世紀にシャルルマーニュ大帝が、モーの近くのリュリ・アン・ブリ修道院で食べて絶賛したという故事から始まります。

ブリはソフト系のチーズにしては大きすぎます。つくるのは難しく熟成の時の反転作業にも手間がかかる。さらには輸送が大変です。直径が大きいわりには薄っぺらくて柔らかい。

馬車での輸送は難しかったでしょう。そんなチーズがなぜ生き残ったかと言えば、パリという大消費地に近く輸送にはセーヌや、その支流のマルヌ川の水路が使え、パリの宮中で持てはやされたからでしょう。

12世紀後半、時のフランス王フィリップ2世は宮中の貴婦人にブリを贈って口説き、シャンパーニュ伯爵夫人はブリを３００個も王に献上し寵愛を得ようとした？とか。16世紀、アンリ4世と妃のマルゴは朝食にブリを塗ったパンを食べていた。

フランス革命のさ中の１７９１年6月、ルイ16世一家は国外逃亡を謀り北東に走りますが、ヴァレンヌという町で捕らえられ町長の家に軟禁されるのです。食いしん坊の王は、そこでワインとチーズを所望し、出されたブリを自ら大きく切り取ってゆうゆうと食べたといいます。

このようにフランスの王族に愛されたブリは「チーズでできたケーキ」といわれるほどに洗練されていきます。ブリオッシュは最初ブリが使われたと主張する人もいます。

このブリがヨーロッパ中の王侯貴族に知られるようになるきっかけは、１８１４～１８１５年にナポレオン戦争後のヨーロッパの秩序を話し合うために、列強の首脳が集まったウイーン会議での事でした。そこで、敗戦国フランスの老獪な外交官タレイランが、何を考えてかチーズのコンテストを提案。各国から52種類のチーズが集められたのですが、その中から「チーズの王」に選ばれたのがブリだったということです。

18世紀の才人、というより名うての色事師として知られるカザノヴァは「ブリとシャンベルタンの酒は、芽生えたばかりの恋を急速に実らせるのに絶大な効果あり」と回想録に書いています。などなど、ブリには華やかなエピソードが数多く残っています。

シェーヴル（Chèvre）はアラビア人の置き土産?

フランスの中西部のポワトー地方にシャビシュー・デュ・ポワトー（Chabichou du Poitou）というＡＯＰチーズがあります。このチーズのchabiはアラビア語のヤギに由来するというのです。８世紀にイベリア半島を手中に収めたアラブ軍は、ピレネー山脈を越えて、南フランスになだれ込みボルドーを制圧して、更に北上を狙っていました。

７３２年、シャルルマーニュ大帝の祖父、カール・マルテルはポワチエでこのアラブ軍と激突し勝利を納めます。後世にいうトゥール・ポワチエの戦いです。

当時の戦争は「生きた保存食」として、山羊などの家畜を連れていきましたが、アラブ人が敗走する時にそのヤギを置き去りにしました。そのヤギの子孫がこの地方に住み着き、そのミルクからシェーヴルが沢山つくられるようになったということです。

ロワール流域の二つのピラミッド

フランス最長の河、ロワール河流域にはたくさんの個性的なヤギ乳のチーズがありますが、形が面白い物が多いのです。その中でＡＯＰを取得している二つのピラミッド型のチーズがあります。

ひとつはプーリニィ・サン・ピエール（Pouligny-Saint-Pierre）という、スマートなピラミッド型のチーズで、その姿から、エッフェル塔と呼ばれ人気のあるシェーヴルです。

細長いたすき状のラベルが貼られていますが、緑は農家づくり（Fermier）、黄色は工場（Laitier）製です。

もうひとつはピラミッドというより、踏み台のような形のヴァランセ（Valençay）です。

なぜこのような不格好なピラミッドになったのでしょう。

ロワール河の中流あたりのヴァランセという町に城があります。この城はナポレオン時代の外務大臣だったタレイラン伯の持ち物でした。ナポレオンは例の無謀なエジプト遠征で負けて、単身パリに逃げ帰ります。そこにピラミッド型のヴァランセが届きました。それを見てエジプトでの屈辱を思い出して気分を害したナポレオンはチーズの上を切れと命じたということです。あわれ、ナポレオンの八つ当たりでヴァランセはずんぐりピラミッドになってしまったということです。これはナポレオンと皮肉屋のタレイラン外相との確執を皮肉った、フランス人特有の創作小話しかも知れません。

三つの黒いシェーヴル

ヤギ乳チーズに木炭の粉をまぶして真黒にするのは、水分を早く取るためとQ41で書きましたが、ロワール河域には黒いＡＯＰを取得したシェーヴルが三つあります。ひとつは前の項で紹介したヴァランセで、もうひとつはそのすぐ北のセル・シュール・シェール（Selles-sur-Cher）村でつくられる同名のチーズです。このチーズは大きめの饅頭型で、形は平凡ですが人気の高いシェーヴルです。

三つ目はフランスではビュッシュ（薪）型といわれる細長い形のサント・モール・ド・トゥー

レーヌ（Sainte-Maure de Touraine）です。木炭粉をつけたばかりのチーズは太巻き寿司のようで、中心にはワラが一本通っています。チーズが折れるのを防ぐためのものですが、この麦わらには生産者名が印刷されているという念の入れようです。

無粋な名前のクロタン

クロタン・ド・シャヴィニヨル（Crottin de Chavignol）は直径5～6㎝の小さなシェーヴルです。まだ熟成の若いフレッシュの物からセックといって、乾燥したものまでそれぞれにおいしい人気のチーズですが、その名前に悩んで？います。

Crottin は辞書を引くと馬や羊の糞とあります。形から見ればさしずめ〝馬糞〟といったところでしょうか。それではあんまりだということで、クロという素焼のランプに似ていることからきた名前だと、チーズ関係者は躍起ですが、自然のカビにまみれたこのチーズを見ると、馬糞説に妙に納得してしまうのか、諧謔好きのフランス人は改めようとしないとか。それはそれとして、このチーズを半分に切ってローストしサラダにのせた料理がずいぶん流行りました。２００９年このチーズのＡＯＰ名は、クロタンが取れて、単にシャヴィニヨル（Chvignol）になりました。

修道院で生まれたチーズ

中世のヨーロッパで各地につくられた修道院は、土地の文化センターのようなものでした。一般人の識字率が低い時代、修道士はラテン語の読み書きができ、科学的な素養をもつ人も多かったようです。それに修道院は自給自足ですから、農耕をやりワインやチーズをつくるのは日常的な仕事だったようです。そんなわけで中世以来、修道院で生まれたチーズもたくさんあります。彼等はレシピを書き残すことができたので、正確な製法が後世に伝えられます。フランスには修道院生まれのチーズは10種類以上ありますが、ほとんどがウオッシュ・タイプです。その中からAOPチーズを紹介しましょう。

マンステル（Munster）＝7世紀にフランス東部のライン川の西に連なる、ヴォージュ山中にあるマンステルの谷のモナステル（修道院）でつくり始めたといいますから古いチーズです。ルイ14世の時代にクミンシードが整腸薬として流行したときに、マンステルにクミンを入れるようになったとか。現在ではヴォージュ山脈の西側でつくられるものは、マンステル・ジェロメ（Munster Géromé）といいます。

エポワス（Epoisse）＝16世紀にブルゴーニュのシトー派の修道院で生まれたとされます。19世紀の食通ブリア・サヴァランが「チーズの王」といい、ブリと張り合っていたような文献もみられますが、ブルゴーニュは彼の故郷です。表面を白ワインにマール（粕取りブランデー）を混ぜたもので洗いながら熟成させます。

シャウルス（Chaource）＝12世紀にブルゴーニュ地方北部のシャウルス村近くの修道院でつくられたといいますが、はっきりしたことはわかりません。小ぶりの円柱型をした白カビチーズですが味わいは上品で、シャンパーニュに合うチーズとされています。ラベルには二匹の猫と熊が描かれています。なぜならCha(t)は猫、Ourc(s)eは熊でシャウルス村のシンボルなのですから。

マロワール（Maroilles）＝10世紀にフランスの北にあるマロワールの大修道院の無名の修道士によってつくられたという四角いチーズです。由緒ある大修道院でつくられただけあって、フィリップ2世、シャルル6世、フランソワ1世、アンリ4世などフランスの王達に愛されたといいます。

失敗は成功の泉

ブルゴーニュ地方の北部でつくられるラングル（Langrs）というカップケーキのようなウオッシュ・チーズがあります。このチーズの特徴は真ん中が窪んでいることです。チーズの熟成中に大切な作業の一つに反転があることはQ40で書きましたが、この反転を忘れたことで真ん中がへこんでしまったのです。小型のチーズは一度に沢山つくるので、ついつい見落とされるチーズが出るわけです。このようなチーズは、地元で消費されていたそうですが、好事家に知られるようになり、やがてパリにデビューし、1991年にAOCを取得します。このチーズの窪んだところをフォンテーヌ（泉）といい、ここにブランディーなどを注いで食べるのが通だとか。失敗から生まれた泉が成功のカギになったというわけです。

オーヴェルニュのフルム

フランスの中央高地と呼ばれるところは、中央というより南仏に近いところにあります。この高地にあるオーヴェルニュ地方は厳しい風土ながらも昔からチーズの産地として有名でした。

この地方にフルム（Fourme）と呼ばれるチーズがあります。フルム・ダンベールとモンブリゾン（Fourme d'Ambert / Fourme de Montbrison）、それにフルム・ド・カンタル（Fourme de Cantal）などです。フルムとはQ19でも述べたとおり、ラテン語でカードの水きり型を意味するフォルマからきています。これが古代のプロヴァンス語の方言のフルムになり、これがやがてフォルメージュ（Formmaige）になり、15世紀以降、現在のフロマージュになったとされています。

現在の南フランスは早くから古代ギリシャに次いで、ローマ文化の洗礼を受けました。紀元前6世紀頃ギリシャ人がマルセィーユに植民市をつくり、やがてローマが南仏一帯を属州にし、ラテン語のプロヴィンチア（属州）がプロヴァンスとなります。このように後進地のガリア（今のフランス）の中でも先進的な文明の洗礼をいち早く受けたこの地方に、新しいチーズつくりの技術がもたらされ、2000年前にローマの博物学者が取り上げたチーズが誕生したとしても不思議ではないでしょう。

フランス最古のチーズ、カンタルとロックフォール

フランスで最も古いチーズと言えばカンタルの高原でつくられるカンタル（Cantal）と、その近隣の石灰岩の洞窟でつくられるロックフォール（Roquefort）でしょう。その祖先は2000年以上前、当時繁栄を極めていたローマに運ばれていたとローマの博物学者プリニウスが「博物誌」に書いています。

当時のカンタルは現在のものと製法は同じだったかどうかは分かりませんが、オーヴェル

ニュの高地でつくられるカンタルと兄弟分のライオル（Laguiol）とサレール（Salers）は、フランスの硬質チーズとしては独特のつくり方をします。それはQ42に書いたチェダリングという製法でつくられるために、チーズの組織がもろいのです。この製法はイギリスのチェダー、チェシャー、スティルトンなどで採用されていますが、なぜフランスの山中の技術がイギリスチーズとつながっているのかは、今のところは謎だということです。

フランス王家御用達のロックフォール

　シャルルマーニュ大帝（在位７６８〜８１４）はある日、南仏のロックフォールの近くの修道院に立ち寄ります。突然のことなので食事の用意がなかったので、司教はやむなくあり合わせのチーズを差し上げました。健啖家の王が食べようとすると、チーズの中に青いカビがあったので、剣の先で取ろうとすると、司教が恐れながらと言上した。「陛下は最も美味しいところをお捨てになるのですか」と。いわれて食べてみると、非常に美味であったので、毎年エクス・ラ・シャペルの宮廷に届けよと命じた。というような逸話が年代記に記されているといいます。

　さて、このロックフォールは、珍しいヒツジ乳でつくられる青カビチーズで、しかも南仏の辺鄙な山の洞窟でなければつくれないチーズで、シャルルマーニュ以来、フランスの王家の庇護を受けてきました。１４１１年シャルル６世は、ロックフォール村にチーズ熟成の独占免許を与えますが、それは代々の王に受け継がれルイ14世（在位１６４３〜１７１５）まで続きます。このようにロックフォールは何百年もの間、特別に高貴なチーズとして珍重され高値で取引されていたフランス王家御用達のチーズなのです。

ちなみにフランスチーズのＡＯＣ制度が発足してから認定チーズの第一号がロックフォールで１９２５年の事です。

ロックフォールの血を引く二つのブルーチーズ

フランスチーズの王者ロックフォールに姿形がそっくりなブルーチーズが二つあります。ひとつはロックフォールの牛乳版といわれる、ブルー・デ・コース（Bleu des Causse）です。かつては牛乳と羊乳とを混ぜてつくられ、コースと呼ばれる石灰岩の台地にできた洞窟で熟成するなど、製法も同じで王者のロックフォールとは区別されていなかったのですが、１９２５年にロックフォールがＡＯＣの指定を受けるときに、牛乳製であることと、ロックフォール村以外の洞窟で熟成さていることで、ロックフォールとは袂を分って独自の道を歩むことになったのです。

もうひとつの、ブルー・ドーヴェルニュ（Bleu d'Auvergne）はロックフォールの北隣りのオーヴェルニュの高地でつくられるブルーチーズです。姿形も似ていますが、ライ麦パンに生えた青カビを利用してつくられたという点でも、前の二つと同じ祖先の血を引く青カビチーズとされています。

ＡＯＰ認証の４つのグリュイエール

チーズの知識がある人は、グリュイエールといえばスイスのチーズを思い出しますね。フランスのチーズ料理の本でもグリュイエールはよく登場しますが、フランスでグリュイエールといえば、アルプスやジュラ地方などでつくられる、圧搾した硬い大型チーズの総称なのです。それが、つくられる地区ごとにグリュイエール・ド・コンテ（Comté）とか、グリュイエール・ド・ボーフォール（Beaufort）、グリュイエール・ド・アボンダンス（Abondance）となるわけです。この三つはすでにＡＯＰを取得していますが、２００７年にやっと本家のグリュイエール（Gruyère）がＡＯＣを獲得し、２０１０年にはＥＵのＩＧＰに認証されます。

日本ではまだあまり知られていないことですが、フランスでも大きなチーズアイがあるエメンタール（フランス読みでエマンタル）もたくさんつくられていますが、これもグリュイエールの仲間だという人もいます。

グリュイエールの出世頭コンテ

コンテの産地はフランスの東部、スイスとの国境に連なるジュラ山脈の一帯ですが、山脈と言っても２０００m足らずで、アルプスに比べると緩やかな山地です。このあたりで昔から冬の保存食としてつくられてきた大型の固いチーズがコンテです。

コンテは30～50kgの大きさで、1個つくるのに４００ℓもの牛乳が必要なので、地域ごとに零細農家が集まって共同組合のチーズ工房をつくり、そこに牛乳を持ち寄ってチーズをつくってきました。このような所をフリュイティエールと呼び、ジュラ地方独特の生産システムなのです。現在このフリュイティエールはジュラ地方に１７０ヵ所あります。

かつて地産地消だったコンテはフランス国内は元より世界に販路を広げ、現在ではフランスのＡＯＰチーズの中で生産量はトップで2位を大きく引き離し26％を占めるほどになっています。フランス人に最も沢山食べられているチーズの一つで、グリュイエール・ド・コンテは他のグリュイエール仲間を押しのけての出世頭にのしあがったのです。

コンテの品質基準は厳しく、20点満点で12〜13・9点の物は「COMTÉ」と茶色で書かれた帯が巻かれ、14〜20点を取った上級品には緑色の「COMTÉ」の帯が巻かれています。落第品はコンテを名乗れません。

グリュイエールのプリンス、ボーフォール

レマン湖の南岸から始まるサヴォワ地方は、イタリアとアルプスの峰を境に国境を接する山また山の国です。ここでつくられるのが、グリュイエールのプリンスといわれるボーフォール（Beaufort）です。歴史は新しいのですが、高山という厳しい条件を逆手に取り、高地放牧（アルパージュ）など、他ではできない方法で付加価値を高め、グリュイエールの頂点と言われる品質を実現したのです。特に夏に高山の草花やハーブを食べたミルクでつくられるものをエテ（été ＝夏づくり）といって珍重されます。

ところでボーフォールの形は少し変わっています。大きな円盤型をしていますが、チーズの側面が電車の車輪のように内側に凹んでいます。このような形のチーズはスイスやイタリアのアルプス地方で見られますが、これは交通が不便な時代、この窪みにロープを巻いて結び、馬やロバの背にくくりつけて運ぶためのものだったそうです。

このボーフォールの産地の少し北側の山中でつくられるもう一つのグリュイエールがアボ

ンダンス（Abondance）です。主としてアボンダンスという牛の乳からつくられます。形状はボーフォールと同じですが、かなり小型です。

二度搾りのチーズ

サヴォワ地方の谷間でつくられるやや小型のチーズにルブロション（Reblochon）があります。発祥は13世紀と言いますから、けっこう歴史のあるチーズなのですが、名前の由来が面白いので有名です。昔、このあたりの零細な牛飼い達は、放牧地の地主に、毎日搾るミルクの量に比例した使用料を支払っていました。この取り立てが厳しいので、農家は考えて牛の乳を最後まで絞り切らずに計量を受け、地主が去った後で、二度目の搾乳をし、そのミルクでこっそりと小さなチーズをつくりました。

そんな訳でルブロッシュ（Reblocher＝二度搾り）という昔の方言がこのチーズの名前になったのだそうですが別の説もあります。ＡＯＰ名はルブロション・ド・サヴォワです。

脇役が独り立ちして人気のチーズに

コンテの生産地と重なるジュラ地方に、モルビエ（Mrbier）とモン・ドール（Mont d’Or）という、本家のコンテと並ぶ人気のチーズがあります。もともとこれらのチーズは主役ではなく、余り物からつくったり、自家用につくられていたものです。

モルビエは大型のコンテをつくる際にできる、余ったチーズの生地（カード）と翌日の余った生地を合わせて中型のチーズをつくったのです。このチーズの中心に黒い線が横に走っていますが、これは夕方にできた生地を保存しておくときに、虫がつかないように、チーズ・ケトル（鍋）の底についた油煙（すす）を塗りつけ、翌日の生地と合わせたためにできたんだそうです。真偽のほどはともかく、これがモルビエの特徴になり市場で知られるようになるのです。もちろん今は余った生地でつくったりはしていません。黒い線も、ブナなどの炭の粉を振りかけているそうです。

一方、モンドールはジュラ山脈が雪におおわれ、乳量も少なくなる冬季に農家の自家用として細々とつくられていたそうです。１９６０年代以前は、パリのチーズ商にも知られていなかったそうですが、１９８０年代にはパリでも最も流行の先端をゆくチーズとされます。本来は晩秋から春までの季節限定のチーズですが、人気沸騰のために夏の終わりからつくられるようになります。エピセアというモミの木材の曲げ物の内側にエピセアの樹皮を内張りにした器の中で熟成させます。とろりと溶けたところをスプーンですくって食べる柔らかいチーズです。これら二つのチーズは出世してＡＯＰを取得しています。

プロヴァンスのチマキ

日本では笹の葉を使ったチマキや桜の葉を使ったお菓子がありますが、南フランスにはこのチマキのように葉っぱを巻いた山羊乳のチーズがあります。プロヴァンスにはメダル型のシェーヴルはたくさんありますが、ひなげしとラベンダー畑に囲まれた小さなバノン村のシェーヴルはア・ラ・フィーユ（à la feuille ＝木の葉で巻いた）と言われるように、栗の葉に包まれていて、村の名と同じくバノン（Banon）と呼ばれています。

酢で煮てブランディーをくぐらせた栗の葉を使って、直径8～9㎝のメダル型のチーズを包み、ラフィアというヤシの繊維で結びます。姿は可愛らしいのですが、熟成するとトロトロにとろけてかなり強い個性をもった味になります。

ピレネーのヒツジ乳製ＡＯＰチーズ

スペインとの国境を東西に走るピレネー山脈の西側はペイ・バスク（Pays Basque＝バスクの国）と呼ばれ、スペイン側と共に古から謎の民族といわれるバスク人が住んでいるところです。また、ブルボン王朝の創始者アンリ4世の誕生の国ナヴァール王国があったところです。

このあたりは昔から硬くて日持ちのする中型の羊乳製のチーズが多くつくられ、今でもこれらはピレネーのチーズと総称されていますが、歴史は古く紀元1世紀にはトゥールーズの町の市場で売られていたといいます。

そんな中でオッソー・イラティ・ブルビ・ピレネー（Ossau-Iraty Brbis Pyrénées）という長いＡＯＰ名がついたヒツジ乳のチーズは、大西洋に近いオッソーの谷とイラティの森に放牧されたヒツジの香り高いミルクでつくられるといいます。

ヒツジ乳製ではロックフォールに続く二つ目のＡＯＰチーズです。

イタリアチーズについての質問

Q60 イタリアチーズの歴史は古いのですか。

A60 イタリアはギリシャと共に、ヨーロッパでは最も古くからチーズをつくってきた国で、2千年以上の歴史があります。

〈もう少し詳しく〉

古代オリエントで発祥したチーズが先に伝わったのは古代ギリシャですが、ギリシャ時代の前半までは、チーズはあまり進化しなかったといわれています。全盛期のギリシャはイタリア半島に植民地をつくり、そこで先住民のエトルリア人と接触し交易もして、彼等にチーズを伝えた可能性があります。ペコリーノを最初につくったのはエトルリア人という説の根拠です。その後、ギリシャに代わって台頭してきたローマがギリシャ文明を受け継ぎ、現在あるような熟成チーズの形に進化させました。帝政初期のローマ市民の朝食にもチーズが登場し、市場でも数十種類のチーズが並んだといいます。初代皇帝のアウグストゥス（在位：前72〜後14年）のメニューにもチーズがありました。また、西ヨーロッパを制覇したローマ軍の食料に毎日20gのチーズが入っていたといいます。軍団の駐屯地では兵士がチーズもつくっていたといいますから、これがヨーロッパ各地にチーズの文化を広める役割も果したようです。

Q61 イタリアチーズの特徴について教えてください。

A61 イタリアチーズはフランスに次いで個性的なチーズの多い国ですが、すりおろして料理にたくさん使うという消費の特性上、固いチーズの生産量が圧倒的に多いようです。

〈もう少し詳しく〉

イタリアの国土は山が多く平野は国土の20％と日本に似ていますが、南部は乾燥地帯で風土は厳しく四季の変化に乏しいのですが、フランスについで多くの個性的なチーズを産する国です。

ウシ、ヤギ、ヒツジ、スイギュウ乳などからチーズがつくられていますが、原産地名称保護指定のチーズでさえ、複数の動物のミルクを混ぜることが許されています。北部はウシやヤギが、南部ではヒツジが多く飼われています。また、イタリア料理ではチーズをすり下ろして使うことが多いので、硬いチーズの生産量が多く、例えばイタリアで生産される加工向け牛乳のうち3割以上がパルミジャーノなどグラナ系の原料になっているといわれています。

Q62 イタリアにも原産地名称保護指定のチーズはありますか。

A62 イタリアには2011年2月現在33種類のDOPの指定を受けたチーズがあります。

〈もう少し詳しく〉

イタリアでは１９５２年の法律で、チーズは乳、凝乳酵素、塩のみを原料とすると定められ、フランスにならって独自の原産地名称保護制度（ＤＯＣ）をつくってきました。

その後ＥＵ（欧州連合）が１９９２年に「原産地名称保護＝ＰＤＯ」と「地理的表示保護＝ＰＧＩ」等の制度をつくりイタリアチーズもこの傘下に入り、制度の名称もＤＯＰ（イタリア読みの語順 Denominazion d'Origin Protetta からＤＯＰ）になっています。しかし、イタリアでは歴史的経緯からＤＯＰ指定地チーズの管理は、生産者団体や販売者団体からなる、ＤＯＰ指定チーズごとの「保護組合」が行い、厳格な製品検査の上、合格したチーズには保護組合がデザインした独特のマークを付けていました。現在（２０１１年２月）では従来のＤＯＣマークとＥＵのＤＯＰマークを併記している例も見られます。

Q63 イタリアのDOP指定チーズはどの地区で多くつくられていますか。

A63 DOP指定チーズの約3分の2はイタリア半島北部（エミリア・ロマーニャ州以北）でつくられ、生産量も圧倒的にこの地区が多くなっています。

〈もう少し詳しく〉

イタリア最北部はアルプスに囲まれ、その麓からイタリア一番の大河、ポー河が開いた豊かな平野が広がっています。アルプス地方では高地酪農が盛んで、タッレッジオ、フォンティーナなどの名チーズがつくられ、平野ではおなじみのパルミジャーノやグラナ、ゴルゴンゾーラなどのイタリアを代表するチーズがつくられています。

Q64

なぜイタリアの主要チーズが北部に集中しているのですか。

A64

イタリア北部はフランス、スイス、オーストリア、スロベニアの四ヵ国に国境を接し、異民族との接触が多かった上に、北部の変化に富んだ豊かな風土が多様性のあるチーズを育んだのです。

〈もう少し詳しく〉

北イタリアはアルプスを越えて往来する様々な民族の通り道でした。紀元前4世紀にはガリア（ケルト）人が侵入し北部に住み着きます。紀元前２１８年、カルタゴのハンニバルはアフリカから5万の兵と37頭の象を引きつれ、イベリア半島からアルプスを越えイタリアに攻め込みます。

紀元前58年ローマの将軍ユリウス・カエサルは、軍団を率いてアルプスを越えガリア平定に向かい、以後8年間に何度もアルプスを越えます。このように何世紀もの間、異民族の通り道になった北イタリアには様々な文化が入り混じって、チーズの多様化を進めたものと思われます。乳牛が最初に導入されたのも北イタリアだったといいます。

Q65 イタリアのDOPチーズを教えてください。

A65 DOP指定のイタリアチーズは現在（2011年2月）33種類ですが、同じDOPチーズでありながら大きさや熟成期間が異なったり、複数の家畜の乳を混ぜるなど、フランスに比べるとかなりフレキシブルなのがいかにもイタリア的です。

〈もう少し詳しく〉

「イタリアのＤＯＰチーズ」

〈凡例〉

チーズのタイプ：Fr＝フレッシュ　B＝青カビ　P＝圧搾　Pc＝加熱圧搾

Pf＝パスタ・フィラータ　L＝ウオッシュ　S＝ソフト

乳　　種：牛＝ウシ乳　山＝ヤギ乳　羊＝ヒツジ乳　無＝殺菌乳

脱＝部分脱脂

※複数の家畜の乳を混ぜるのは、条件ではなく容認です。

「北部」

パルミジャーノ・レッジャーノ（Parmigiano Reggiano）Pc　牛　無　脱

グラナ・パダーノ（Grana Padano）Pc 牛 無 脱
ゴルゴンゾーラ（Gorgonzola）B 牛
フォンティーナ（Fontina）Pc 牛 無
ヴァッレ・ダオスタ・フロマッツォ（Valle d'Aosta Fromadzo）Pc 牛 無 脱
ブラ（Bra）P 牛（＋山 or 羊）
カステルマーニョ（Castelmagno）Pc 牛（＋山 or 羊）無
ムラッツアーノ（Murazzano）S 山（＋牛）無
ラスケーラ（Raschera）P 牛（＋山 or 羊）脱
ロビオラ・ディ・ロッカヴェラーノ（Robiola di Roccaverano）S 牛（＋山＋羊）脱
トーマ・ピエモンテーゼ（Toma Piemontese）Pc 牛 脱
ビット（Bitto）Pc 牛（＋山）
ヴァルテリーナ・カゼーラ（Valtellina Casera）Pc 牛 無 脱
フォルマイ・デ・ムット（Formai de Mut）Pc 牛 無
プロヴォローネ・ヴァルパダーナ（Provolone Valpadana）Pf 牛
タレッジオ（Taleggio）L S 牛
クワルティローロ・ロンバルド（Quartirolo Lombardo）L S 牛 脱
アジアーゴ（Asiago）Pc 牛
モンテ・ヴェロネーゼ（Monte Veronese）Pc 牛 無
モンターズィオ（Montasio）Pc 牛 脱

スプレッサ・デッレ・ジュディカリエ（Spressa delle Giudicarie） Pc 牛 無 脱

サルヴァ・クレマスコ（Salva Cremasco） L S 牛

「中・南部」

ペコリーノ・トスカーノ（Pecorino Toscano） Pc 羊

ペコリーノ・ロマーノ（Pecorino Romano） Pc 羊

カショッタ・ドゥルビーノ（Casciotta d'Urbino） Pc 羊（＋牛）

モッツァレッラ・ディ・ブーファラ・カンパーナ（Mozzarella di Bufala Campana）
Pf、スイギュウ

カチョカヴァッロ・シラーノ（Caciocavallo Silano） Pf 牛

カネストラート・プリエーゼ（Canestrato Pugliese） P 羊

ペコリーノ・シチリアーノ（Pecorino Siciliano） Pc 羊

ラグザーノ（Ragusano） Pf 牛

ペコリーノ・サルド（Pecorino Sardo） Pc 羊

フィオーレ・サルド（Fiore Sardo） P 羊 無

リコッタ・ロマーナ（Ricotta Romana） Fr 羊（ホエー）

付録「イタリアチーズのエピソード集」

イタリアの代表二つのグラナ

イタリアにはグラナ（Grana）という硬くて大きなチーズがあります。granaとはイタリア語で「粒状の」という意味がありますが、粒状に砕ける硬いチーズの事で、普通は北イタリアでつくられるパルミジャーノ・レッジャーノとグラナ・パダーノを指します。この二つのチーズは双子の兄弟のようで、大きさといい、形といい瓜二つで、表面に刻まれた刻印や文字がないと、私たちには見分けることは困難でしょう。つくり方もほぼ同じで、味も比べて見なければ普通の日本人には分からないでしょう。

以下イタリア料理には欠かせない、この二つのグラナを詳しく説明しましょう。

・パルミジャーノ・レッジャーノ（Parmigiano Reggiano）

名前の通り北イタリアのパルマとレッジョ・エミリア周辺の定められた地域でつくられる超硬質のチーズです。千年の歴史があるといわれていますが、パルマの名称が使われるようになったのは13世紀といいます。14世紀のイタリアの作家ボッカチョが描いた「デカメロン」にパルマのチーズをかけたパスタが究極のご馳走として描かれています。当時のものはまだ円盤状のチーズで、今のように直径40㎝以上の太鼓型になったのは20世紀になってからのことのようです。

このチーズは最低1年以上熟成させるため資金が必要です。そのために特別な融資制度があります。できたてのチーズを担保に銀行経営の熟成庫に預ければお金が借りられるというものです。

このチーズには二つのランクがあり、12か月間熟成した段階で一つ一つ検査して長期熟成に向かないと判定されたものは、プリマ・スタジオナトゥーラ（Prima Stagionatura）として消費に回されます。次に2年以上の熟成に向くと判定されたもので18ヵ月熟成の段階で検査にパスすれば最高の品質のものとしてエキストラ又はエクスポート（EXTRA / EXPORT）の焼印マークがもらえます。

パルミジャーノの生産者の長年の悩みは世界中に偽物が多いことですが、それが複雑なのです。パルミジャーノ・レッジャーノは、イタリア以外では通称パルメザン（フランスはパルムザン）ですが、世界中でパルメザンの名前で同じようなチーズがつくられているのです。そこで、イタリアの保護協会はパルメザンとパルミジャーノ・レッジャーノとは同義語なのでパルメザンの名前を使わせないよう提訴したりしましたが、うまくいかなかったのです。そこで、カットされたり、粉になって売られる末端まで本物と分かるようなシステムをつくって、防戦に努めているのです。

・グラナ・パダーノ（Grana Padano）

ポー河流域のパダーナ平原でつくられるグラナです。先のパルミジャーノとは出自は同じで明確な区別はなく本家争いがあったのですが、１９５５年に明確な線が引かれたようです。生産地域は広く、北イタリアのほとんどの地区でつくられています。名声の面でパルミジャーノに一歩譲るとして、値段の安さからイタリアの主婦の大いなる味方であり、おいしさの面でも充分に楽しめる価値あるチーズです。

日本でも人気のゴルゴンゾーラ

ゴルゴンゾーラ（Gorgonzola）にフランスのロックフォールとイギリスのスティルトンを加えて「世界三大ブルーチーズ」といわれていますが、これは多分、「三大〇〇」が好きな日本人が言ったのでしょう。ヨーロッパにはこのように他国のものを、自国のものと同等に並べ誇示する発想はありません。

　ゴルゴンゾーラはミラノの東のゴルゴンゾーラという村で9世紀あたりからつくられていたそうです。この小さな村は、秋にアルプスの山岳地帯から牛の群れを追い下げてくる途中の休息の場所になりました。そして、この村でくたびれた牛から搾った乳で柔らかいチーズをつくり、これをストラッキーノと呼んでいました。ストラッコとはこの地方の言葉で疲れたという意味だそうです。やがてこの手づくりチーズが周囲に知られるようになります。イタリアではもうひとつストラッキーノと呼ばれていたチーズがあります。ＤＯＰ指定のクワルティローロ・ロンバルドという柔らかいチーズです。

　１８６０年代、イタリアの大作曲家ロッシーニは若くしてパリに引退し、故郷から好物のゴルゴンゾーラを定期的に送って貰っていたようで、礼状に「十字勲章より大切なストラッキーノ」と書いています。

　ゴルゴンゾーラには、古典的な辛口（ピカンテ＝Piccante）と甘口（ドルチェ＝Dolce）

があり、一次衰退しつつあったピカンテは、少しずつ復活してきています。ブルーチーズの中では味わいが穏やかなので日本でも人気のチーズです。

イタリアの山のチーズ

　フランス側からイタリアへ、ヨーロッパ最高峰モンブランの下を通るトンネルを抜けるとアオスタの谷で、このあたりでつくられる有名なチーズがフォンティーナ（Fontina）です。圧搾タイプのチーズで15kg前後の中型ですが、フランス側の山のチーズ、ボーフォールやスイスのグリュイエールと製法も似ていて、チーズを成型するための、締め付け自在の曲げわっぱ（モールド）のメカニズムも同じです。しかも、フォンティーナや、その東の山中でつくられるビットという山のチーズも、チーズの側面がボーフォールのように内側に湾曲しているのです。いまは、三つの国に分かれていますが、かつてこのあたりは同じチーズ文化圏だったことが解ります。アルプスにはいくつかの峠があり、何千年も昔からケルト、ガリア、ゲルマン、ローマなど多数の民族が峠を越えていきました。

　このあたりをピエモンテ（Piemonte）と言いますが（Pié＝足＋Mónte＝山）で山裾を意味します。ここでつくられる、ピエモンテ風フォンデュータ（フォンデュ）はフォンティーナを牛乳で溶かして卵黄でつなぎ、白トリュフが入る豪華版です。

ぶら下げて熟成するチーズ、プロヴォローネ

　姿形を見ればすぐイタリアチーズと分かるのがプロヴォローネ（Provolone）です。必ず

ぶら下げて熟成させるのでロープでくくってあります。ＤＯＰ指定のチーズでありながら、形や大きさに厳格な規定がないというのも、イタリア的で楽しいチーズです。

形はパンチェットーネという円柱型から、洋梨型、円錐形と様々ですが、大きいものは１００kgと言いますから巨大です。このチーズは、モッツァレラ同様パスタ・フィラータ・タイプ（Ｑ43参照）のチーズです。この製法はイタリア南部で発達し、プロヴォローネも南部でつくられていたのですが、需要が増えたので草が豊かな北部のポー川流域のパダーナ平原に引っ越して生産を増やしてＤＯＰを取得したのです。正式名称はプロヴォローネ・ヴァルパダーナです。

また、南イタリアで同じような製法でつくられるカチョカヴァッロ（Caciocavallo）というチーズがあります。Cacio はチーズ、Cavallo は馬。さては馬乳のチーズかと言えばそうではありません。ひもでくくってぶら下げる様子が、馬の鞍に結びつけた荷駄に似ているからとか。ずんぐりとしたへちま型やひょうたん型もありますが同系のチーズのスカモルツァやプロヴォローネも形が似ているものがあるので見分けがつきません。

モッツァレラの生地からもつくることが出来るので、近年、日本のチーズ工房でもひょうたん型のカッチョカヴァッロがたくさんつくられています。

ペコリーノはイタリア最古のチーズ？

ペコリーノ（Pecorino）とは羊乳チーズの総称で、その後に産地名がつきます。このチーズはイタリアの先住民族のエトルリア人が最初につくったという説があります。どこからきたのか未だに議論の絶えないエトルリア人は、中部イタリアに住みつき紀元前13世紀以降、ヒツジの牧畜で生活をしていたようで、乳製品をつくるための壺が多く見つかっているそうですから、イタリア半島でヒツジ乳のチーズを最初につくったのはエトルリア人だった可能性は高いのです。

やがて彼等はギリシャ人やフェニキア人と交流し独特の文化をつくっていきます。後に台頭してきたローマは彼等の事をエトロスキィまたはトゥスキと呼んでいて、トゥスキの住む所をトゥスカーナと呼んだのです。やがて彼等は強大になったローマに吸収されてしまいますが、ペコリーノづくりの伝統は消えずに現在に受け継がれていきます。

紀元1世紀のローマの著作家コルメラは「農業論」の中で羊の飼い方や羊乳チーズのつくり方を書いているといいます。

現在、ＤＯＰのペコリーノはトスカーノ、ロマーノ、シチリアーノ、サルドと産地の名がついていますが、ロマーノは原料乳確保のため生産拠点はサルディニア島に移り、今ではペコリーノの4割ほどはサルディニア島でつくられているそうです。同島ではペコリーノ・ロマーノの他、自前のペコリーノ・サルドやフィオーレ・サルドと呼ぶ燻製にしたペコリーノもつくっています。

世界中にブレークしたモッツァレラ

ヨーロッパになぜアジアのスイギュウがいるのか。7世紀ごろまでにインドから中東に役牛として伝わり、その後ヨーロッパには十字軍が持ち込んだという説があります。

そのスイギュウが南イタリアの湿地帯に順応して生き延び、今では改良され地中海水牛（メディテラネア種）という名でモッツァレラの原料を提供しています。スイギュウ乳はタンパク質も多く、脂肪は7％以上でウシ乳の2倍と濃厚ですが、野性的な独特な風味があるため飲用には適さず、脂肪が高いことと、乳の性質が熟成チーズづくりに向かないため、ほとんどがフレッシュで食べるモッツァレラになるのです。

モッツァレラは20世紀になってから大ブレークし、スイギュウ乳では間に合わなくなりウシ乳製のモッツアレラが大量につくられています。日本でもスイギュウ乳のモッツァレラもかなり輸入されていて、ウシ乳のモッツアレラに比べると濃厚でかなりおいしいのですが、何しろ新鮮さが命ですから、出来立てを産地で食べるとおいしさが一段と違います。チーズ名のMozzarellaはイタリア語のMozzare（切り取る）からきていることはQ43でも述べましたが、通常ソフトボール大のものをモッツアレラと言い、ピンポン玉大のものはポッコンチーニ、三つ編みにしたものをトレッチといいます。

DOP名はモッツァレッラ・デ・ブーファラ・カンパーナという長い名前で、カンパニア地方でスイギュウ乳からつくられたモッツァレラを表しています。

スイスのチーズについての質問

Q66 スイスは酪農が盛んだと聞きますがどんな国ですか。

A66 九州と同じくらいの国土に４０００ｍクラスの峰が30、３０００ｍクラスの峰なら優に2千を超える山国です。国土の6割が山地ですが、その山岳地帯の自然の草地を牧場にして酪農を営み、たくさんのチーズをつくっている国です。

〈もう少し詳しく〉

スイスはフランス、ドイツ、オーストリア、イタリアに囲まれたアルプス山中にある国ですが、国名の由来となったシュヴィーツ（Schwyz）は古いドイツ語で「酪農場」を意味する通り、酪農は古くからスイスにとって重要な産業でローマ時代から知られているチーズもあるほどです。風土が厳しいのでその分開発に汚染されずに残された自然の中で生産される牛乳は品質が高く、それがチーズに反映されてスイスチーズの高い評価につながっています。

Q67 スイスチーズの特徴を教えてください。

A67 風土の厳しいスイスでは昔からチーズは冬の間の重要な保存食であり、産業に乏しい山国にとっては貴重な交易品でした。従ってチーズは運びやすく保存が効く、硬くて大型の長期熟成タイプのチーズが多くつくられてきました。

〈もう少し詳しく〉

スイスには外界から閉ざされた深い谷がいくつもあり、昔からその谷ごとに独特な文化が育ちました。従ってチーズもその谷ごとの風土に合ったチーズが生まれ、狭い国土ながら多くの種類のチーズが生まれたのです。世界最大のチーズ、エメンターラーや、スイスチーズの代名詞ともいうべきグリュイエールなど、その品質の高さは周囲の国々にも知られていきます。ドイツ語のスイスを表すSchwizerはスイスチーズという意味もあるほどです。今から2千年前にロバの背に乗って峠を越え、古代ローマの都まで運ばれたチーズもありました。

Q68 スイスチーズにも原産地名称保護のチーズがありますか。

A68 欧州連合に加盟していないスイスは、ＥＵの定めた品質保証システム（ＰＤＯ）は採用せずチーズでは独自のＡＯＣ制度をつくり、チーズの品質を管理しています。

〈もう少し詳しく〉

１８１５年のウイーン会議で永世中立国家として認められたスイスは中立路線を守り欧州連合にも参加しませんでした。しかし欧州連合とも共存していくために、スイス独自の原産地名称保護制度（ＡＯＣ＝Appellation d,Orgine Cntrôlée）をつくり、２０００年から認証をはじめています。

２０１０年、フランスのグリュイエールがＥＵのＰＤＯ（フランスではＤＯＰ）に申請する動きに対して、スイスもＥＵのＰＤＯ制度に加盟することに合意しフランスを牽制。結局、フランスのグリュイエールは生産地と熟成地の関係がＰＤＯの規定に合っていないとして、スイスのグリュイエールがＰＤＯの認証を勝ち取りました。フランスのグリュイエールは一ランク下のＩＧＰを認証することで了承しました。

Q69 スイスのＡＯＣ指定チーズを教えてください。

A69 元々スイスの主要なチーズは、政府機関によって、原料や製法が厳しく管理されていましたが、新しい制度のもとで、現在10種類のチーズがＡＯＣを取得しています。

〈もう少し詳しく〉

「スイスのＡＯＣの認証を受けたチーズ」

すべてはウシ乳製で、ヴァシュラン・モンドールを除いて、圧搾か加熱圧搾タイプですが、日本ではほとんど知られていないものもあります。

レエティヴァ（L’Etivaz）
ル・グリュイエール（Le Gruyère）　※ＥＵのＰＤＯを取得。
テット・ド・モワンヌ（Tête de Moine）
スプリンツ（Sbrinz）
ヴァシュラン・モンドール（Vacherin Mont d’Or）ウオッシュタイプ
ヴァシュラン・フリブルジョワ（Vachrin Fribourgeois）
エメンターラー（Emmentaler）
ベルナー・アルプケーゼ（Berner Alpkäse）
ベルナー・ホーベルケーゼ（Berner Hobelkäse）
テシナー・アルプケーゼ（Tessner Alpkäse）

「AOC認定以外の重要なチーズ」

ラクレット（Raclette）
アッペンツェラー（Appenzeller）

付録「スイスチーズのエピソード集」

キッチンの強い味方グリュイエール

グリュイエール（Gruyère）は、フランス人が「百科全書的チーズ」と言うほど応用範囲が広く料理素材としては最強のチーズです。グラタン、フォンデュー、キッシュ、オニオン・スープ、クロック・ムッシューなどフランスの有名なチーズ料理のレシピには必ず登場します。また、フランスが誇るソース・モルネィはホワイトソースに卵黄とグリュイエールを溶かし込んだものです。

産地はスイスの西側フランスと国境を接するジュラ山地から山麓あたりで、9世紀頃からつくられていた古いチーズです。フランス側でつくられるのはコンテと言いますが、これもグリュイエールの一種で、形もつくり方もほとんど変わりません。昔からこのあたりは同じチーズ文化圏だったのです。また同じ地区でつくられるヴァシュラン・モンドール(Vacherin Mont d’Or)も、フランスのモン・ドールもほとんど違いのないそっくりなチーズです。

アルプスを越えてローマへ

スプリンツ(Sbrinz)は硬質のチーズでは最も古いものの一つといわれています。古代ローマの博物学者と言えばプリニウスで、フランスのカンタルやロックフォールを紹介したことで知られていますが、その甥で文筆家の小プリニウスはスプリンツを「カセウス・ヘルヴェティクス」と紹介しています。当時、現在のスイスあたりに住むガリア人のヘルヴェティイという勇猛な部族がいて、ローマの将軍カエサルがガリア（現在のフランス）を平定するとき、最初に戦って打ち破った部族です。そのヘルヴェティイがローマ帝国に組み込まれ、彼等のチーズがローマの都に運ばれたのでしょう。ちなみにスイスのラテン語の公式国名はヘルヴェティアといいます。

スブリンツは超硬質のチーズで、かつお節削りのような専用のカンナで削って食べます。

大きさも孔も世界一

世界一大きくて大きな孔がたくさんあるチーズと言えばエメンターラー（Emmentaler）ですね。しかも丸いクッションのように中央が膨らんでいます。一度見れば忘れられない迫力です。加熱圧搾タイプですがつくり方は少し変わっています。スタータは乳酸菌のほかにプロピオン酸菌を入れ、熟成の初期に、チーズの熟成温度としてはかなり高めの20〜24℃の熟成庫に3〜4週間置きます。そうするとプロピオン酸菌が、チーズの中の乳酸塩を分解してプロピオン酸と酢酸をつくり、あのエメンターラー独特の風味が生まれ、同時に大量の炭酸ガスを放出し、チーズの中に大きな孔（チーズ・アイ）をつくります。

このチーズの歴史はさほど古くなく、13世紀後半あたりからエメの谷でつくられ、他で知られるようになるのは16世紀あたりからといいます。スイスではチーズフォンデューには欠かせないチーズとされています。

食べ方提案で大ブレーク

味も品質も飛びぬけているわけでもないのに、世界に知られるようになったチーズがあります。一つはテット・ド・モワンヌ（Tête de Moine）。フランス語で「修道士の頭」という無粋な名前ですが、直径15センチの筒型の可愛いチーズです。このチーズをサービスするために考え出されたのがジロールという専用の器具です。この器具でテット・ド・モワンヌを薄く削ると、白いカーネーションの花ようになるので、チーズ盛り合わせや、サラダを美しく飾ることができ、パーティで人気のチーズになりました。

もう一つのチーズは最近日本でも人気のラクレット（Raclette）です。これは本来フランス語のRacler=削るからきた料理名でした。チーズを火で溶かし食べることは、昔からありました。百年以上前に書かれたアルプスの少女ハイジは、山のお爺さんの牧場に預けられた時、最初の晩に食べたのは鉄の棒に刺して暖炉の火で焼いたチーズでした。こんな素朴な食べ方がラクレットのルーツなのです。それを電熱の専用オーブンで熱して溶けたところを削り取って食べることで、この素朴な料理はレストラン料理になったのです。最初からこの料理専用のチーズはなかったようで、バーニュ（Bagnes）やコンシェ（Concher）などのチーズが使われたていたようですが、やがて料理名と同じチーズがつくられるようになりました。

スペインチーズについての質問

Q70 スペインはチーズにとってどんな国ですか。

A70 スペイン北部の大西洋岸は雨が多くウシやヤギが飼われていますが、カンタブリカ山脈が迫って地勢が厳しく、大規模な牧場はありません。中央のメセタと呼ばれる乾燥地帯ではヒツジが飼われ大きな群れを見ることができます。南部の地中海沿岸や、バレアレス島やカナリア諸島にはウシ乳やヤギ乳のチーズが多いようです。

〈もう少し詳しく〉

地勢や風土が厳しいスペインでは小規模な酪農家が多く、チーズをつくる乳量を確保するため、ウシ、ヒツジ、ヤギ乳など複数の乳を混ぜてつくる、いわゆる混乳製チーズが多くつくられており、スペインチーズの約半分は工業生産の混乳製チーズです。スペインの伝統チーズは約１００種類ほどありますが、これらはほとんどが中小規模の工場でつくられています。スペインで最も重要な家畜はヒツジです。古代から毛を取るために様々な種類のヒツジが飼われていましたが、時代とともにスペインの羊毛は競争力を失っていきます。今はそのヒツジの末裔が、チーズの原料乳を提供し、スペインを代表するチーズがつくられているのです。

Q71 スペインチーズの特徴を教えてください。

A71 前項でも述べたように気候風土、地勢が厳しいため、ヒツジやヤギなどの飼育が多いスペインではミルクの安定供給が難しいので、大型のチーズはなくて、せいぜい2～3kgの中型のものがほとんどですが、非常に個性に富んだチーズがたくさんあります。

〈もう少し詳しく〉

スペインで最も重要なチーズはヒツジ乳製のチーズです。同じヒツジ乳といっても、飼育される環境、餌になる植物、ヒツジの種類によってチーズの味はかなり違ったものになります。ＤＯＰチーズの中でも、特徴を出すためにヒツジの種類をマンチェガ、マホレロ、カスティリィーナ、メリノなどの様に種を限定しているチーズもあるほどです。スペインのヒツジ乳チーズの生産量は全体の１２％ですが、近年人気が出て生産量を伸ばしています。

Q72 スペインチーズの分類はどうなっているのですか。

A72 まず乳種（原料乳を提供する家畜の種類）を基本にフランスやイタリアなどとは全く違った概念の分け方をしていますが、日本ではほとんど知られていません。

〈もう少し詳しく〉

「スペインチーズの分類」

乳の種類による分類：ウシ、ヒツジ、ヤギ、混乳
熟成期間による分類：フレッシュ（1週間未満）、マイルド（1～2週間）、半熟成（2週間～1ヵ月）、熟成（2ヵ月以上）
脂肪含有量による分類：スキム（10％未満）、セミスキム（10％～25％）、フルファット（45％～60％）、エキストラファット（60％以上）
硬さによる分類：ソフト（水分80％まで）、セミソフト（水分45％～55％）、セミハード（水分40％～50％）、ハード（水分25％～40％）

（出典：スペインチーズ振興会資料による）

Q73 スペインの代表的なチーズを教えてください。

A73 スペインには22のDOP指定チーズと1つのPGI（地理的表示保護）のチーズがあります。

〈もう少し詳しく〉

スペインのチーズ名は、最初にQueso（ケソ＝チーズ）を付けるものと付けないものがあります。どのような基準でそうなっているかは不明です。

「ヒツジ乳のチーズ」

イディアサバル（Idiazàbal）DOP

ケソ・デ・ラ・セレナ（Queso de la Serena）ＤＯＰ
ケソ・マンチェゴ（Queso Manchego）ＤＯＰ
ケソ・サモラノ（Queso Zamorano）ＤＯＰ
ロンカル（Roncal）ＤＯＰ
トルタ・デル・カサール（Torta del Casar）ＤＯＰ

「ウシ乳のチーズ」

アフエガ・ルピトゥ（Afuega ’l pitu）ＤＯＰ
アルスア・ウジョワ（Arzúa-Ulloa）ＤＯＰ
セブレイロ（Cebreiro）ＤＯＰ
マオン・メノルカ（Mahón Menorca）ＤＯＰ
ケソ・ナタ・デ・カンタブリア（Queso Nata de Cantabria）ＤＯＰ
ケソ・デ・ラルト・ウルジェル・イ・ラ・セルダーニャ（Queso de l’Art Urgell y la Cerdanya）ＤＯＰ
ケソ・テティージャ（Queso Tetilla）ＤＯＰ
ケスコス・デ・リエバナ（Quesucos de Liébana）ＤＯＰ
サン・シモン・ダ・コスタ（San Simón da Costa）ＤＯＰ

「ヤギ乳のチーズ」

ガロチャ（Garroxa）
ケソ・イボレス（Queso Ibores）ＤＯＰ

ケソ・マホレロ（Queso Majorero）ＤＯＰ
ケソ・デ・ムルシア・アル・ビノ（Queso de Murcia al Vino）ＤＯＰ（赤ワインで洗う）
ケソ・デ・ムルシア（Queso de Murcia ）ＤＯＰ
ケソ・パルメロ／ケソ・デ・ラ・パルマ（Queso Palmero/Queso de la Palma）ＤＯＰ

「混乳のチーズ」

ケソ・イベリコ（Queso Ibérico）
トロンチョン（Tronchón）

「ブルーチーズ」

カブラレス（Cabrales）ＤＯＰ 青カビ熟成
ピコン・ベヘス・トレスビゾ（Picón Bejes-Tresviso）ＤＯＰ 青カビ熟成
ケソ・デ・ヴァルデオン（Queso de Valdeón）ＩＧＰ 青カビ熟成

付録「スペインチーズのエピソード集」

スペインの羊乳チーズ

スペイン語でヒツジはオヴェハ（Oveja）と言いますが、スペインチーズを語る時、ヒツジ乳チーズは欠かせない存在です。ヒツジはほぼ全土で飼われ、地方によっては種類も違い、飼われる風土も違うので、同じヒツジ乳製といっても味わいは、それぞれにかなりの違いがあります。

ケソ・マンチェゴ（Queso Manchego）　スペインで最も知られるチーズ。マンチェガ種というヒツジ乳からつくられる硬い中型のチーズ。表面に網目模様がついていますが、これはかつて、エスパルトという草で編んだモールドで成型したために付いたもの。現在はプラスティックですが、模様は残してあります。ラベルにはドン・キホーテのシルエットがデザインされていますが、彼の故郷ラ・マンチャ地方で古くからつくられています。ドン・キホーテの家来のサンチョのズタ袋には硬いパンと玉ねぎと漆喰の様なチーズが入っていたと書かれていますが、そのチーズの末裔がマンチェゴというわけです。

ケソ・サモラノ（Queso Zamorano）　ラ・マンチャの北のカステーリャの台地で飼われているカステーリャ種のヒツジ乳からつくられるチーズで、何世紀もの間ヒツジの遊牧をおこなっていたチーズ職人がサモラノの地に定住してチーズをつくりはじめました。

ケソ・デ・ラ・セレナ（Queso de la Serena）　南西部のエストレ・マドゥーラの平原で飼われるメリノ種のミルクから植物レンネット（アザミのおしべ）を使ってつくられます。メリノヒツジの毛は非常に上質で、かつてはすスペイン皇室の財源として手厚く保護され門外不出とされていましたが、いつの間にか海外に流出してスペインの羊毛は競争力を失いますが、メリノヒツジはチーズに濃厚な原料を提供することで生き残ったのです。

トルタ・デル・カサール（Torta del Casar）　同じエストレ・マドゥーラでつくられます。植物レンネットで固め、側面に白いレースの帯を巻いて熟成させます。熟成するとトロトロに溶けるのでスプーンですくって食べます。

テティージャ（Queso Tetilla）　テティージャはスペインで最も親しまれているウシ乳製のチーズです。名前の面白さでも有名です。スペイン語でTetilla小さな乳房を意味し形も乳房に似ているので、通称「尼さんのオッパイ」というそうです。熟成は1週間位でしっとりとしていいてミルキーなやさしい味です。スペイン西北部ガリシア州でウシ乳からつくられます。

スペインのブルーチーズ

北部の太平洋岸はカンタブリカ山脈が迫り、スペインでは珍しく雨が多い地方ですが、このあたりで、自然の洞窟を利用して数少ない青カビチーズがつくられています。

平地が少なく牧畜には不向きですが、それを補うため、ウシ、ヤギ、ヒツジの乳を混ぜてつくります。そのため、濃厚で刺激のある個性的な味わいのチーズができあがります。

ＤＯＰ指定のものはカブラレス（Cabrales）とピコン・ベヘス・トレスヴィゾ（Picón Bejes-Tresviso）があり、隣のカステーリャ地方でつくられる、ＩＧＰ（地理的表示保護）指定で牛乳製のケソ・デ・バルデオン（Queso de Valdeón）があります。

島のユニークなチーズ

スペインには、地中海のバリアレス諸島とアフリカ北西部沖のカナリア諸島などの島があり、これらの島でも個性的なチーズが造られています。

バリアレス諸島のメノルカ島でウシの乳からつくられるマオン（Mahón）は四角いクッション型で表皮はパプリカの粉末を混ぜたオリーブ油が塗られています。少し刺激味のあるやや硬いチーズです。はるか遠いスペイン領のカナリア諸島のではヤギのチーズが造られています。マホレロ（Majorero）は在来種のマホレロ山羊の、熱帯の植物を食べた濃厚なミルクからつくられます。またカナリア諸島の一つのパルマ島ではパルメラヤギのミルクからケソ・パルマ（Queso de la Palma）という個性的なチーズが造られＤＯＰに指定されていますが、入手は困難なようです。

ポルトガルのチーズについての質問

Q74 ポルトガルのチーズについて教えてください。

A74 ポルトガルの国土はスペインの5分の1ですが、隣国同様、かつては羊毛の生産国だったので、ヒツジ乳チーズが多くつくられています。特徴は無殺菌乳を植物性レンネット（朝鮮アザミの雄シベを乾燥させたもの）を使ってミルクを固めてつくるチーズが多いことです。

〈もう少し詳しく〉

ポルトガルもＥＵの原産地保護制度（ＰＯＤ、ポルトガル語表記はＤＯＰ）に加入しており、ＤＯＰ指定の伝統的なチーズもいくつかありますが、ヒツジ乳製かヒツジ乳にヤギ乳を混ぜたチーズが大半です。大きさも１kg前後位のチーズが多いようです。大西洋に浮かぶアゾレス諸島にはＤＯＰ指定のウシ乳製チーズがありますが、ＥＵ加盟後はウシ乳のチーズも増えているようです。

日本にはポルトガルチーズに関する詳細な情報は伝わっていません。またチーズの入手も今のところ困難です。

Q75 ポルトガルの主要なチーズを教えてください。

A75 ポルトガル語でチーズはケイジョ（Queijo）と言い、チーズ名の最初にQueijoとつけて呼んでいます。

〈もう少し詳しく〉

「ポルトガルのチーズ」

左記のチーズはすべて無殺菌乳からつくられています。

「ヒツジ乳またはヤギ乳との混乳チーズ」

ケイジョ・アセイトン（Queijo Azeitão）ＤＯＰ　ヒツジ乳

ケイジョ・エボラ（Queijo Évora）ＤＯＰ　ヒツジ乳

ケイジョ・ダ・ベイラ・バイシャ（Queijo da Beira Baixa）

※右のＤＯＰチーズの中には左記の三つの異なったタイプがある。

・ケイジョ・デ・カステロ・ブランコ（Queijo de Castelo Branco）ヒツジ乳

・ケイジョ・アマレロ・ダ・ベイラ・バイシャ（Queijo Amarelo da Beira Baixa）混乳

・ケイジョ・ピカンテ・ダ・ベイラ・バイシャ（Queijo picante da Beira Baixa）混乳

ケイジョ・デ・ニーザ（Queijo de Nisa）ＤＯＰ　ヒツジ乳

ケイジョ・ラバサル（Queijo Rabaçal）ＤＯＰ　混乳

ケイジョ・セーラ・ダ・エストレーラ（Queijo Serra da Estrela）ＤＯＰ　ヒツジ乳

ケイジョ・セルパ（Queijo Serpa）ＤＯＰ　ヒツジ乳

ケイジョ・テリンチョ（Queijo Terrincho）ＤＯＰ　ヒツジ乳

ケイジョ・メスティソ・デ・トローサ（Queijo Mestiço de Tolosa）ＩＧＰ　混乳

「ヤギ乳のチーズ」

ケイジョ・デ・カブラ・トランス・モンターノ（Queijo de Cabra Toransmontano）ＤＯＰ

「ウシ乳のチーズ」アゾレス諸島でつくられています。

ケイジョ・サン・ジョルジュ（Queijo São Jorge）ＤＯＰ

ケジョ・デ・ピコ（Queijo de Pico）ＤＯＰ

イギリスチーズについての質問

Q76 イギリスはチーズにとってどんな国ですか。

A76 イギリスは日本の3分の2ほどの広さですが、高い山はなく国土の40％以上が牧場で主にヒツジとウシが飼われ、古くからチーズがつくられてきました。

〈もう少し詳しく〉

イギリスの位置は最も南でも北緯50度で、日本の位置関係でいえばサハリンの真ん中あたりで、北部は北極圏に近いのですが、メキシコ湾流という温かい海流が西海岸に接岸しているので、夏は涼しく冬は暖かくイングランドの南西部やウエールズでは真冬でも牧草が青々としているところもあります。こうした土地では牛や羊は一年中放牧されそのミルクからイギリス特有のチーズがつくられてきました。

Q77 イギリスではいつ頃からチーズがつくられていたのですか。

A77 イタリアやフランスから比べると歴史は比較的新しく、フランスのノルマンデイー公（ウイリアム1世）が1066年にイングランドを征服し王位についてから、フランスのチーズ

づくりの技術が伝わったとされています。

〈もう少し詳しく〉

ローマ時代のイギリスは辺境の地といわれローマ帝国の支配は弱く、帝国崩壊後は様々な民族が侵入し争いを続けたため、農地は荒廃しチーズ文化が育つ環境になかったと思われます。やっと11世紀にウイリアム1世が王朝を開いたときにフランスからきた修道士達がチーズづくりの技術を伝え、本格的なチーズづくりが始まりウエンズリーデールなどの伝統チーズをつくりだすのです。

Q78 イギリスにはどんなタイプのチーズが多いのですか。

A78 伝統的なチーズではソフト系のチーズはほとんどなくて、多くはチェダーに代表される硬い中型以上のチーズで、一部には青カビで熟成させるチーズがあります。

〈もう少し詳しく〉

イギリス発祥のフレッシュチーズと言えば、バターを取った後のスキムミルクでつくるカッテージチーズがありますが、やはりイギリス代表のチェダーなどが多く、消費の半分以上がチェダータイプだそうです。そして意外にもイギリスはチーズ輸入国なのです。

Q79

日本ではイギリスのチーズはあまり見かけませんがなぜですか。

A79 ひとつはチーズの生産量が少ないことがあげられます。例えばイギリスの国土はオランダの5倍以上の面積がありながら、チーズ生産量はオランダの60％程度なので、不足分は輸入に頼っているのが現状です。

〈もう少し詳しく〉

イギリスでも18世紀頃までは、チーズをつくる農家がたくさんありました。しかし産業革命発祥の地のイギリスでは急速に近代化が進み、農村にもその余波が現れてきます。交通が発達するとチーズづくりも集約され、１５００軒あった伝統チーズをつくる農家は第二次世界大戦後には10％以下に激減してしまうのです。

１９５４年にＭＭＢ（ミルク・マーケット・ボード）という団体が設立され伝統的なチーズを見直し7種類の伝統チーズのコントロールを行います。

現在イギリスでは白カビ系やヤギ乳、ヒツジ乳でつくるソフトタイプのチーズもたくさんつくられていますが、ほとんどが国内消費かせいぜいＥＵ圏に輸出される程度です。

Q80 イギリスの主要なチーズを教えてください。

A80 日本で最も知られているイギリスのチーズはチェダーと比較的新しいスティルトンでしょう。両者ともPDOの認証を受けています。

〈もう少し詳しく〉

イギリスチーズは原産地名称保護制度の整備が遅く、１９９６年に８種類のチーズがＥＵが定めるＰＤＯの認証を受けたに過ぎません。

しかし、伝統的なチーズでＰＤＯになったのはチェダーとスティルトンだけで、それ以外は生産量も知名度も低いチーズが多く、イギリスの消費者にとってチーズのＰＤＯ取得はあまり意味がないようです。その上、生産地域の限定ができないために認証を受けられない伝統チーズもあります。

また、それとは別に近年モダン・ハードといわれるヒツジ乳やヤギ乳からつくられる新しいチーズ脚光を浴びています。

「イギリスのＰＤＯ指定のチーズ」※印のヒツジ乳以外はウシ乳製

ビーコン・フェル・トラディショナル・ランカシャー（Beacon Fell Traditional Lancashire)

ウエスト・カントリー・ファーム・ハウス・チェダー（West Country Farmhouse Cheddar)

シングル・グロスター（Single Gloucester）
スェイルデルデールとスェイデール・ユーズ（Swaledale & ※ Swaledale Ewes）
ダヴデール（Dovedale）
バクストン・ブルー（Buxton Blue）
ブルー・スティルトンとホワイト・スティルトン（Blue Stilton and Whit Stilton）

「ＰＤＯ以外の主なチーズ」
ドーセット・ブルー（Dorset Blue）ＰＧＩ（地理的表示保護）
チェシャー（Cheshire）
ウエンズリーデール（Wensleydale）
レッド・レスター（Red Leicester）
ダブル・グロスター（Double Gloucester）
ケアフィリー（Caerphilly）

付録「イギリスチーズのエピソード」

新世界に広まったチェダー

ロンドンから西へ１５０㎞ほど行ったサマーセット地方に、チェダーという小さな町があります。１６００年代にこの地方でつくられるチーズは、サマーセットのチーズとして人気があり、近在の零細な農家が集まって、クラブを作りミルクを持ち寄って共同でチーズをつくっていました。そのクラブの名がチェダー・クラブといったそうです。これがチーズの名になって、イギリスでは広く知られるようになります。新大陸が発見され移民が盛んになると、イングランドから大挙して新天地を求めてアメリカに渡り、そこで彼等は母国のチェダーチーズをつくり始めます。

19世紀の後半イギリスのチェダー職人の４人のグループが、チェダー製造の厳格な製造基準をつくり品質の安定に努めますが、その骨子は現在も使われているそうです。

こうした事情もあって、北アメリカ、更にはオーストラリア、ニュージーランドなど新世界の英語圏ではチェダーが大量生産されるようになります。こうしてイングランドの小さな町で生まれたチェダーは本家をしのいで新世界で最もたくさん食べられるチーズになるのです。もちろんＰＤＯ認証のチェダーは英国南西部のサマーセット、ドーセット、デヴォン、コンウォールの４つの州でつくられたものが本物のチェダーです。

子爵家の家政婦がつくったブルー・スティルトン

17世紀の中ごろイングランドの中部のレスター県の子爵家の牧場でチェシャータイプのチーズが有名で、隣県のスティルトンという小さな宿場町のベル・インで売られると、「スティルトン村のチーズ」として旅人の間で評判になっていきます。チーズづくりを担当していた子爵家の家政婦は、あるとき、そのチーズの中に青カビが放射状に生えているのを発見します。この地方は気候風土の関係でチーズに自然の青カビがつくのは当たり前でした。特にチェダリングした生地は結着が悪く隙間に青カビが入ってしまうのだそうです。

彼女はこれを失敗とせず、更に試作研究を重ねイングランド初のブルーチーズを完成させました。18世紀初頭のことです。以来フランスのロックフォールと並び称せられるイギリス人が自慢の名品になるのです。その後偽物が横行したため製造組合は製法を厳格に定め製造地域をノッティンガムシャー、ダービーシャー、レスターシャーの三州に定めイギリスチーズでは最初に法律で守られるチーズになります。

スティルトンを食べるときのイギリス紳士のこだわりは、食事の終わりに年代物のポートワインと一緒に味わうことだそうです。

イギリスに多いチェダータイプのチーズ

チェダーはチェダリング（Q42を参照）という特殊な工程を経てつくられますが、同じ様なつくり方をするチーズはイギリスにはたくさんあります。イギリスで最も古いチェシャーをはじめ、ダービー、グロスター、スティルトンなどがそうです。このタイプのチーズはやや酸味が強い上に直接カードに塩を混ぜるので、他の長期熟成のチーズに比べると異常発酵することがほとんどないそうです。その代り組織がもろいので、伝統的なチェダーなどでは、チーズに布を巻いて、その上にラードを塗って熟成させます。

その他、イギリスにはフレーバーを加えたチーズも多く、伝統的な物ではセージ・ダービーがありますが、最近ではハーブ、スパイス、ドライフルーツ、ニンニク、ナッツなどを混ぜた物がたくさんあります。これらのチーズは、チェダーやダブル・グロスターなどの伝統チーズの型詰めの前にフレーバーを混ぜて熟成させます。

また、アナトーで着色したものにはレッド・チェダー、レッド・レスター、チェシャーなどがあります。

ドイツのチーズに関する質問

Q81 ドイツのチーズは日本ではあまり知られていないようですがなぜですか。

A81 実はドイツは、ヨーロッパで最もたくさんチーズをつくっている国です。それなのに、あまり我々に知られていないのは、名の知れた伝統チーズがきわめて少ないことが挙げられます。

〈もう少し詳しく〉

これには歴史的な背景があります。現在のドイツの大部分はローマ時代にはゲルマーニアと呼ばれ、ローマ帝国が西ヨーロッパを征服しローマ文化を移植していく中で、ゲルマン人はローマに屈せず、長い間独自の文化を守ってきました。そのためチーズを食べワインを飲むなどのローマ的文化の影響が少なかったのです。また、現在のドイツという国の原型が出来上がるのは１８７０年代で、それまでは、小さな公国が割拠して長い間戦乱が続きました。ひとつの文化が育つためには、平和と安定が必要なのです。現在ではドイツの国土の50％以上は農地に利用され、北部には牧場も多くカマンベールなど様々な新しいチーズがつくられています。

Q82 ドイツではどのようなチーズが多く食べられているのですか。

A82 クワルクと呼ばれる乳酸発酵のフレッシュチーズがドイツを代表するチーズです。このクワルクを様々に加工したフレッシュチーズが最も多く食べられています。

〈もう少し詳しく〉

今から2千年前のローマ時代、ゲルマン人と戦ったローマの将軍ユリウス・カエサルや、歴史家タキトウスの著作に、ゲルマン人は肉や凝乳（柔らかいチーズ）を食べて暮らしていると書かれていますが、これが現在の、乳酸発酵チーズといわれるクワルクの前身です。そんなわけでクワルクは2千年前から延々と食べられてきたチーズということになります。

なお、ドイツ語でチーズはケーゼ（Käse）といいますが、これはラテン語のカセウス（チーズ）からきています。

Q83 ドイツではチーズの種類は少ないのですか。

A83 フランスやイタリアに比べると少ないのですが、それでも数百種類のチーズがつくられています。

〈もう少し詳しく〉

ドイツはチーズづくりの歴史が浅いため近隣諸国から技術導入してつくられたチーズが多

いのです。オランダのエダムとゴーダ、スイスのエメンタール、イギリスのチェスターなどが早くからつくられていたようです。その他、フランスから学んだカマンベールやブリなどの白カビチーズやマンステル（ミュンスター）などのウオッシュチーズもつくられています。ドイツのチーズづくりは早くから近代化され、几帳面で勤勉な国民性を反映し良質な原料乳から品質の高いチーズが大量につくられています。

一人当たりの消費量は20kgを越えていますが、国内生産量の40％前後は輸出され、消費量の45％前後が近隣ＥＵ諸国から輸入しています。

Q84 ドイツのチーズのタイプを教えてください。

A84 ドイツチーズは、いくつかの独自の分類方法を採用しています。

〈もう少し詳しく〉

ドイツチーズの分類法で最も重要な基準になるのは、水分を除いた「固形分の量」と「固形分中の脂肪分の量」です。ドイツの食品法ではこれらの含有量を基準にチーズを分類しています。固形分が多く水分が少なければ、硬いチーズになり、脂肪分が多ければクリーミィで濃厚なチーズになります。

［水分含有率による分類］（脂肪分を除いた水分率）

チーズのグループ	水分量
ハード	56％以下
シュニットケーゼ	54％以上63％まで
シュニットケーゼ（セミハード）	61％以上69％まで
ヴァイヒケーゼ（ソフト）	67％以上
フリュッシュケーゼ（フレッシュ）	73％以上
ザウアーミルヒケーゼ（サワーミルク）	56％以上73％まで

［脂肪含有量による分類］（固形分中の乳脂肪率）

脂肪含有等級	固形分中の脂肪分
ダブルクリーム	60％以上85％以下
クリーム	50％以上
フルファット	45％以上
ファット	40％以上
3／4ファット	30％以上
1／2ファット	20％以上
1／4ファット	10％以上
ローファット	10％未満

［製法による分類］

ドイツのチーズは前記の他に製法によって大きく2つに分ける分類方法があります。

〈乳酸発酵チーズ〉

乳に乳酸菌を繁殖させて、乳酸によって乳を凝固させるものです。クワルクを代表とする熟成させないフレッシュチーズが一般的ですが、中には熟成させるドイツ独特のチーズもあります。

〈凝乳酵素チーズ〉

凝乳酵素（レンネット）を作用させて乳を固める一般的な製法のチーズで、ソフト系からハードまで様々なチーズがあります。

Q85 ドイツの主なチーズを教えてください。

A85 まず、クワルクに代表される乳酸発酵のフレッシュ系チーズが消費の約3割を占め、次いで凝乳酵素チーズが同じぐらいの消費量を占めています。

〈もう少し詳しく〉

クワルク（Quark）Quarkとは凝乳という意味があります。酸で凝固させたカードから一定の水分を抜きそのまま食べたり、料理に使うものをシュパイゼクワルク（Speisequarku）といいます。

クワルクはその他にクリームや香辛料を加えた様々なタイプのフレッシュチーズをつくる

原料になります。

ハルツァーケーゼ（Harzerkäse）脱脂乳製のクワルクを脱水して、15～１５０ｇくらいにまとめ熟成させたドイツ独特のチーズです。やや塩辛く、もっちりとした口当たりはチーズには珍しいテクスチャーです。ハルツ産がハルツァー、マインツ産はマインツァーという風に産地名で呼ばれることもあります。

アルゴイヤー・エメンターラー（Allgäuer Emmentaler）ＰＤＯドイツ南部、スイス国境近くのアルゴイ地方で、スイスのエメンタールを手本につくられるハード系のチーズです。チーズ内部に大きなチーズアイがたくさんあります。

アルゴイヤー・ベルクケーゼ（Allgäuer Bergkäse）ＰＤＯ同じ地方でつくられるチーズで大豆位のチーズアイがあります。

シュニットケーゼ（Shnittkäse）Shnittとは切るという意味。ハードーやセミハード系のスライスして食べるチーズをそう呼ぶので範囲は広くなります。ゴーダ、エダムなどもこの範疇に入りますが、ドイツ特有のものでは、ティルジッター、トラピスタンケーゼー、シュテッペンケーゼなどチーズの内部に不定形の小さな穴がたくさんあるチーズです。これらのチーズはリンドレス（皮なし）で四角い食パンのような形をしたものが多いのです。

カンボゾーラ（Cambozola）伝統チーズの少ないドイツでは様々な新作チーズが生まれています。このチーズはカマンベールとゴルゴンゾーラを合体したというチーズです。外は白カビ、中は青カビで熟成させます。このようなチーズはヴァイスブラウケーゼ（ホワイト・ブルー・チーズ）といい各地でつくられています。

オーストリアのチーズについての質問

Q86 オーストリアはどんな国ですか。

A86 オーストリアは北海道を少し大きくした位の広さで、アルプス山脈の北の端に位置しており、森林が国土の40%近くを覆っている変化に富んだ自然の豊かな国です。

〈もう少し詳しく〉

国土は小さいながら、チーズ、バターをはじめ主食になる小麦、ライ麦、じゃがいも、牛肉などの自給率が１００％を越えるという食料の豊かな国です。アルプスの山々では春から秋にかけてアルムと呼ばれる高地放牧地に牛を追い上げ、初夏から秋にかけて高地の小屋では農家が共同で雇った家畜番や搾乳夫が家畜の世話をしながら乳を搾りチーズをつくっています。オーストリアでは国を挙げて有機農業を奨励しているため、原料乳の品質は高く、そこから良質なチーズがつくられています。

Q87 オーストリアチーズはあまりなじみがないのですがどんなものがありますか。

A87 日本にはまだわずかしか輸入されていません。またドイツのチーズ同様、世界に知られた歴史的な名品も少ないため、チーズ好きの興味を引かないのですが、かなり品質の高いチーズが多くつくられています。

〈もう少し詳しく〉

オーストリアにもＰＤＯに承認された、優れたチーズがいくつかあります。ほとんどが山岳地帯でつくられるハード系のチーズです。サワーミルクタイプ以外は無殺菌乳です。

「オーストリアの主要なチーズ」

ガイルターラー・アルムケーゼ（Gailtaler Almkäse）ＰＤＯ　ウシ乳90％　ヤギ乳10％
チローラー・アルムケーゼ／アルプケーゼ（Tiroler Almkäse／Alpkäse）ＰＤＯ　ウシ乳
チローラー・ベルクケーゼ（Tiroler Bergkäse）ＰＤＯ　ウシ乳
チローラー・グラウケーゼ（Tiroler Graukäse）ＰＤＯ　脱脂乳サワーミルクタイプ
フォアアールベルガー・アルプケーゼ（Vorarlberger Alpkäse）ＰＤＯ　ウシ乳
フォアアールベルガー・ベルクケーゼ（Vorarlberger Bergkäse）ＰＤＯ　ウシ乳

ベルギーチーズに関する質問

Q88 ベルギーはどんな国ですか。

A88 小さいながら首都ブリュッセルにはEU（欧州連合）の本部がある国際的な国であり、美食の国でもあります。

〈もう少し詳しく〉

ローマ時代はベルガエ族という民族が住んでいたので、それが国名になりました。九州より少し小さい国ですがフランス、ドイツ、オランダに国境を接し、これら三つの国の言葉を公用語としている国です。美食の国としても知られ有名レストランも多く、ワッフル、チョコレート、ビールなどは日本でもよく知られています。

Q89 ベルギーにはどんなチーズがあるのですか。

A89 日本に知られているベルギーチーズは少なく、資料や情報も多くはありません。

〈もう少し詳しく〉

エルヴ（Herve）ＡＯＰはベルギーで最も古いチーズで、カール5世時代（16世紀）にはルムドゥーと呼ばれていたチーズだとされています。４００ｇほどの四角いチーズで、その大きさゆえにマルセイュの石鹸と呼ばれたそうですが想像は難しいですね。ウオッシュタイプのチーズで、特産のビールで洗ったチーズもあります。このエルヴを8週間洗いながら熟成させたものはルムドー（Remoudou）と呼ばれ、ベルギーで最も高貴なチーズとされています。

シメイ（Chimay）はビールで有名なシメイの修道院で開発されたセミハードのウオッシュタイプのチーズです。何種類かあって、シメイ・クラッシックはスタンダード版。少し脂肪が多いのはシメイ・グラン・クリュ、自家製のビールで洗ったものはシメイ・ア・ラ・ビエールといいます。

オランダチーズについての質問

Q90 オランダチーズは有名ですがどんな国ですか。

A90 九州よりやや大きい国ですが、海面より低い土地が国土の4分の1もありますが気候は温暖。昔から酪農が盛んでチーズは14世紀から重要な輸出品でした。

〈もう少し詳しく〉

世界は神がつくったが、オランダはオランダ人がつくったという言い方があります。オランダは何百年もかかって海抜0メートルの土地を干拓し、石畳に使う石さえ外国から買って国土を広げ整備してきました。山が全くないオランダは国土の25％弱が牧草地で、そこから生産される牛乳からオランダを代表するチーズがつくられています。

Q91 オランダではどんなチーズがつくられていますか。

A91 オランダチーズは早くから重要な輸出品だったために、長旅に耐える硬くて熟成期間の長い、ゴーダやエダムなどが生産量の大半を占めています。

〈もう少し詳しく〉

オランダチーズは14世紀から国外に輸出され、16世紀には世界に向けて船積されていました。日本に最初にきたヨーロッパのチーズはオランダチーズだったといわれています。ヨーロッパでもオランダチーズは広く知られ17世紀のフランスの寓話作家ラ・フォンテーヌの作品の中に「オランダチーズの中に引きこもったねずみ」の話があります。フランスのボルドーはワインの産地ながら、目立ったチーズがないので、かつてはオランダチーズを輸入しボルドーワインに合わせていたといいます。

日本の酪農とチーズづくりは一時期オランダから学びました。現在でも日本のナチュラルチーズの生産量はゴーダタイプが多くなっています。

Q92 オランダの主なチーズを教えてください。

A92 紹介するチーズはすべてウシ乳製のチーズでPDO（原産地名称保護）の指定を受けているチーズは4種類です。

〈もう少し詳しく〉

「オランダのPDOチーズ」

ノートル・ホランツェ・ハウダ（ゴーダ）

ノートル・ホランツェ・エダメル（エダム）

ボーレン・ライツェ・メット・スユリューテルス

カンテル・カース

「PDO以外の主要なチーズ」

ゴーダ（Gouda）オランダではハウダと発音する。

エダム（Edam）砲丸型のチーズ。

マースダム（Maasdam）１９７０年に酪農研究所によって開発されたチーズ。

ミモレット（Mimolette）アナトーで着色した球形のチーズ。

付録「オランダチーズのエピソード集」

オランダウシ

日本でよく見られる白黒の牛がホルスタイン種であることは広く知られています。実はこの牛はオランダウシともいわれますが、元はドイツのライン河下流のデルタ地帯にいた在来種が、オランダで乳牛として改良され品種として確立されたものです。

ドイツのホルシュタイン州でも主要な品種となり、品種名はここからきています。その後ヨーロッパでは、正式名をホルスタイン・フリーシアンとしましたが、今ではフリーシアンと省略して呼ぶ事が多いようですが、日本ではホルスタインが定着しました。

新大陸に定着したゴーダ

アメリカやオーストラリアなどの新大陸で、チェダーに次いで多くつられているのがゴーダタイプです。日本人にとってもゴーダは関係の深いチーズで、日本国内では80年近くもゴーダをつくり続けてきました。現在も国内でつくられるナチュラルチーズの40％弱がゴーダです。市場であまり見かけないのは、ほとんどがプロセスチーズの原料になっているからです。

エダムは転がして船積み

丸い砲丸型でおなじみのエダムのこの形は、一説には転がして船積みするためにつくられたといいます。真偽のほどはともかく、チーズは重要な輸出品だったことを物語るエピソードですね。日本ではかつて、赤玉の愛称でデパートなどでよく見かけました。

フランスではテット・ド・モール（Tête de mort＝死人の頭）などという無粋な呼び名をつけて、目ぼしいチーズがないボルドーで、このエダムをワインの肴にしていたと、グラン・シェフだったレイモン・オリヴィエが書いています。

ミモレットもオランダ原産の同じ仲間ですが、フランス人でミモレットはフランスのオリジナルであると言い張る人もいます。

デンマークのチーズに関する質問

Q93 デンマークはどんな国ですか。

A93 オランダよりわずかに広い国で、国土全体がゆるやかにうねる緑の大地が続いています。国土の60%が農地で、草地を入れると90%を超えるといわれ、ヨーロッパ有数の農業国です。

〈もう少し詳しく〉

かつて大国だったデンマークは17世紀の近隣各国との戦争で没落。現在のような小さな国になりました。残された国土は痩せ地が多く19世紀後半に農業の大恐慌が起こります。これを機に農業を酪農や畜産主体に大転換を図ります。その結果土地は肥え、現在では野菜や果物を除けば食糧自給率は１００％を越え、チーズやバターも重要な輸出品になっています。

協同組合方式で成功したデンマークの酪農は、大正時代には北海道酪農の手本となり日本酪農の基礎をつくります。そして、その協同組合から日本の大手乳業会社が育っていきます。

明治の思想家内村鑑三は、著書「デンマルク国の話」の中で、デンマークの誇りとするところはバターとチーズであり、牛乳を持って立つ国であると、酪農で国を救ったデンマークを称賛しています。

Q94 デンマークにはどんなチーズがありますか。

A94 ヨーロッパの北辺に位置する北欧諸国はチーズの伝搬は遅く、歴史ある伝統的なチーズはありませんが、ヨーロッパのチーズ先進国から学んで新しくつくられたチーズもありますが、有名チーズを模倣したものも多くつくられています。

〈もう少し詳しく〉

デンマークには8世紀頃からデーン人と呼ばれるノルマン人が住み着き、やがてヴァイキングと呼ばれヨーロッパ各国を荒らし回ります。彼等は略奪行為ばかりでなく交易も行い、やがてキリスト教に改宗、ヨーロッパの先進文化も取り入れていきます。その時にチーズも北欧に伝えられたといわれています。その後デンマークは近代的な酪農経営を実現し、デンマーク特有のチーズも生まれます。

「デンマークの主要なチーズ」

頭にディニッシュの名をつけた、クリームチーズ、モッツァレラ、フェタなどのヨーロッパの伝統チーズを模したチーズもたくさんあります。

サムソー（Samsoe）ウシ乳製　圧搾タイプ。19世紀にスイスから招いたチーズ職人によってつくられたといわれます。バルト海に浮かぶ自然エネルギーでCO_2ゼロを目指す取組みで有名になったサムソー島が名前の由来といいます。ピザ用チーズとして日本に長く輸入されてきました。

ダンボー（Danbo）ウシ乳製　圧搾タイプ。サムソーと同系統のチーズです。

マリボー（Maribo）ウシ乳製　圧搾タイプ。ゴーダの製法でつくられますが、ボディに不定形な孔がたくさんあります。

エスロム（Esrom）ＰＧＩ指定　ウシ乳製、圧搾タイプ。軽くウオッシュするため特有の香りがあります。不定形な孔がたくさんあります。

ハヴァティ（Havarti）ウシ乳製、圧搾タイプ。エスロムに似たタイプのチーズ。

ダナブルー（Danablu）ウシ乳製。ＰＧＩ認証の青カビタイプ。ロックフォールを手本につくられたチーズです。大きさも形もロックフォールとほぼ同じ。

デンマークを除く北欧諸国のチーズについての質問

■ノルウェー

Q95 ノルウェーにはチーズどんなチーズがありますか。

A95 山とフィヨルドの国ノルウェーは平地が少なく耕地は国土のわずか3％弱。西部と北部では牧畜も行なわれています。高地ではヤギも飼われ、ヤギ乳チーズもつくられています。

〈もう少し詳しく〉

「ノルウェーの主要なチーズ」

小規模な酪農家が多く、チーズは手づくりから工場生産へと移っています。

ノルペジア（Norvegia）ウシ乳製、圧搾タイプ。ノルウェーの国名を冠したチーズ。

ヤールスバーグ（Jarlsberg）ウシ乳製　加熱圧搾タイプ。ノルウェーを代表するオリジナルチーズ。エメンタールのような大きなチーズアイがあります。

イエイトスト（Gjetost）ヤギ乳、ウシ乳のホエーにバターミルクを加えて煮詰め、更にクリームを加えてつくる褐色のチーズです。

■スウェーデン

Q96 スウェーデンにもチーズがありますか。

A96 スウェーデンの酪農は南部で行われ放牧は夏場だけですが、自然保護の目的でヘクタール当たりの放牧頭数は2頭に制限されています。乳質には厳しく23年間規定の乳質を維持するとノーベル賞と同じ部屋で金メダルが授与されるそうです。主なものはＰＤＯ認証の「スヴェキア」、ホエーを煮詰めた「ミゾスト」などがありますが、スウェーデンはチーズの輸入国です。

■フィンランド

Q97 森と湖の国といわれるフィンランドにもチーズはありますか。

A97 目ぼしいチーズはありませんが、世界で一番牛乳を飲む国です。

〈もう少し詳しく〉

フィンランドは国土の65％が森林で、深い森と無数の湖沼が点在する国です。日本とほぼ同じぐらいの広さですが農業国としては最も北に位置する国の一つで、25％が北極圏になっています。環境が厳しいため、飼育されている乳牛は寒さに強いエアシャー種が70％以上をしめています。エアシャーはホルスタインに比べ泌乳量は劣りますが、成分はホルスタインより勝っています。フィンランドは一人当たりの牛乳消費量（年間100kg超）は世界一ですが、チーズに関してはあまり目ぼしいものはなく、エメンタール、ゴーダ、チェダーなどを模したチーズがつくられています。

北方のラップランドではトナカイの遊牧が行われ、トナカイ乳製のチーズもあったようですが、現在はつくられていないそうです。

ギリシャのチーズについての質問

Q98 ギリシャのチーズの歴史は古いと聞きますが、どんなチーズがありますか。

A98 おそらくヨーロッパでは最初にチーズをつくった民族でしょう。時代は定かではありませんが、紀元前8世紀に成立したといわれる、ギリシャの大詩人ホメロスの叙事詩「イーリアス」と「オデュッセイア」にチーズが何度か出てきますので、それ以前からチーズはつくられていたと考えられます。

〈もう少し詳しく〉

ギリシャは紀元前8世紀頃までは森林や耕地がたくさんあったようですが、人口の増加と共に森林や傾斜地が開発され、更には山羊や羊の放牧で国土はむき出しの岩山になっていきます。プラトン（BC４２７〜３４７）は、かつての豊かな山々は「草木がない骨組だけが残った」と嘆いたそうです。そんな訳で、ギリシャでは今もヒツジやヤギが多く飼われ、チーズもそれらの家畜からのミルクでつくられています。古代ギリシャの時代には熟成チーズはなく、ローマ人が熟成チーズをつくったとされています。現在よく知られているフェタは、塩水に浸した非熟成チーズで、おそらく数千年前からあまり進化しないチーズだと思われますが、同系統のチーズは現在のトルコでも多くみられます。

Q99 ギリシャではチーズの消費量は多いそうですが、種類は多いのですか。

A99 ギリシャは現在の統計では一人当たりのチーズ消費量は世界第一位になっていますから当然チーズの種類も多いのですが、世界の市場に知られるチーズはフェタや、グラヴィエラなど一部のチーズにすぎません。

〈もう少し詳しく〉

フェタはギリシャでは年間11万5千トンほどつくられているといいますから、ギリシャチーズの大半はフェタということになります。２００５年にギリシャはドイツとデンマークに対してＦＥＴＡの名称を使わないようにと欧州委員会に訴え勝訴しました。その時点でデンマークは年間約２万８千トン。ドイツは約３万９千トンをＦＥＴＡの名で生産していたといいます。このようにフェタは民族を越えて人気の高いチーズなのです。

「ＰＤＯ認証チーズ」

フェタ（Feta）ヒツジ乳100%またはヤギ乳30%を混ぜることが許される。塩水に漬けられたギリシャを代表するフレッシュタイプのチーズです。

グラヴィエラ・クリティス（Graviera Kritis）圧搾タイプ。ヒツジ乳１００％、またはヤギ乳30%を混ぜることが許されます。グラヴィエラの名はスイスのGruyèreに由来するといわれてます。

他にギリシャには20種類のＰＤＯ認証のチーズがありますが、詳しい情報は入手できていません。

■キプロスのチーズ「ハロウミ」

　キプロスはアナトリア半島の南に浮かぶ共和国。現在はギリシャ系住民が70％前後を占めていますが、ここにはハロウミ（Hallomi）というユニークなチーズがあります。塩気のやや強いパスタフィラータのチーズで串焼きなど焼いて食べます。このタイプのチーズは、ギリシャでもつくられています。

アジア諸国のチーズについての質問

■トルコ

Q100 トルコでもチーズはつくられていますか。

A100 トルコでは130種以上のチーズがつくられているといわれています。

〈もう少し詳しく〉

中央アジアを席巻した、騎馬遊牧民族のトルコ人が現在のアナトリア半島（小アジアともいいます）に進出しオスマン帝国をつくったのは今から800年ほど前です。彼等は元々遊牧民ですから古くから乳の文化を持っており、現在もそうした文化を受け継ぎヨーグルトやチーズは日常的に非常にたくさん消費されています。

Q101 トルコのチーズはヨーロッパのチーズとは違いますか。

A101 乳を凝固させ脱水したカードを塩漬けにした熟成させない白いチーズが日常的に食べられています。

〈もう少し詳しく〉

草を求めて移動する遊牧民は、チーズを熟成させることはできません。従ってチーズも塩漬けにするか、乾燥させたものが多かったようです。そうした伝統を引き継いだためか、いまでもトルコでは熟成しない塩味をきつくした白いチーズが多くつくられています。現在は工場でつくられるチーズも多いようですが、今も国内にはユルックという遊牧民族が生活していて伝統的なチーズをつくり近くの市場などで売って生活しています。

Q102 トルコにはどんなチーズがありますか。

A102 トルコを代表するチーズはベイヤーズ・ペイニル（Beyaz Peinir）という白いチーズで、このチーズの生産量は60％を占めるといいます。

〈もう少し詳しく〉

トルコ語でチーズはペイニル（Peynir　複合名詞ではPeyniri）といいます。ベイヤーズ・ペイニルは熟成させないチーズですが、保存性を高めるため塩をきつくしてあります。朝市などでは大量に売られていて、トルコ人にとってこのチーズなしの朝食は考えられないといいます。

外観は沖縄の島豆腐に似ています。ベイヤーズに次ぐチーズはカシャル・ペイニリ（Kasar Peyniri）で全生産量の17％を占め、ターゼ・カシャル（新鮮なカシャル）とエスキ・カシャル（熟成したカシャル）の二種類あります。

また、伝統的には山羊の革袋に詰めて熟成させる、独特の風味と酸味があるトゥルム（Tulum）というチーズもあります。現在では革袋を使用するのは少なくなったようです。いずれにしてもトルコの朝食にチーズは欠かせないもので、ホテルなどでは４～５種類のチーズが出されます。

Q103 トルコではヨーグルトも多いといいますが。

A103 トルコ人の食生活にとってチーズと同じかそれ以上に重要なのがヨーグルトです。

〈もう少し詳しく〉

トルコ語でヨーグルトはヨウルト（Yogurt）といい、これが世界語になったのです。トルコではウシ乳、ヤギ乳、ヒツジ乳などのヨーグルトやこれらを混ぜたものもあり、朝食や料理には欠かせません。ドライブインでもヨーグルトに蜂蜜をかけて食べさせる屋台があったりします。トルコでよく食べられているジャジックというサラダは塩で味付けしたヨーグルトできゅうりを和えてオリーブ油をかけたものです。

■インド

Q104 インドのチーズはあまり知られていませんが、歴史は古いのですか。

A104 今から3000年前にはすでに乳食文化があったと思われます。

〈もう少し詳しく〉

インド人の80％以上が信仰するというヒンズー教の聖典の元になった古代インドの宗教ヴェーダの聖典は紀元前1500年頃の成立といわれていますが、その中にはすでに家畜の乳に関する記述があるといいます。時代が下がって、お釈迦様が6年間の苦行の後、村の少女スジャータから乳粥（ヨーグルト様のものと思われる）を受けて元気を回復し悟りを開いたという言い伝えがあります。紀元前5世紀頃のインドでは、乳食文化は広く行き渡っていたものと思われます。

ヒンズー教徒には菜食主義者が多くいますが、乳や乳製品は基本的に食べてもいいことになっているようです。

Q105 インドではどのような家畜の乳を利用しているのですか。

A105 インドでは主にウシとスイギュウから乳を搾ります。

〈もう少し詳しく〉

インドは世界一の生乳生産国です。インドではウシとスイギュウを合わせると2億9千万頭が飼われています。特にスイギュウは世界の60%がインドで飼われています。しかし、多くは飼育頭数が2～3頭の零細な農家で土地を持たない農家も多いのです。飼育環境も悪い上に、夏の餌不足などで個体当たりの搾乳量は極端に少ないのが現状です。地方によってはヤギも飼われていますが、いずれにしても乳量が少ないので、ウシやスイギュウの乳は混ぜて加工されることが多いようです。

しかし、１９７０年代「白い革命」と呼ばれる乳業界の改革により、協同組合組織が各地につくられ、乳の増産や乳質の向上、流通の改革に取組んでいます。ある企業ではスイギュウ乳から本格的なモッツァレラを大量に生産し、ヨーロッパに輸出するまでになっています。

Q106 インドにはどんなチーズがありますか。

A106 ほとんどがパニールと呼ばれるフレッシュ系のチーズです。

〈もう少し詳しく〉

パニールの伝統的な製法は、乳に乳酸菌のスターターを加えてダヒというヨーグルトをつくります。このヨーグルトを壺などに入れて羽根のついた攪拌棒で攪拌すると、脂肪分が分離してきます。これはマカーンという粗製バターですが、これを加熱して不純物を除くとギーというバターオイルになります。残ったものがラッシーと呼ばれるもので、一部飲み物などに使われますが、大半はさらに加温し乳酸発酵させ凝固したカードを布袋に入れてプレス脱水しパニールをつくります。現在ではミルクに酢酸などを加えて凝固させたパニールもつくられています。しかし、前述のギーはインド料理に欠かせないもので、生産乳量の40％以上もギーの原料に回されているので、その副産物のラッシーは大量で、このラッシーから大量のパニールがつくられています。パニールは冷凍したものが日本にも輸入されています。

Q107 その他インドにはどんなチーズがありますか。

A107 パニールを乾燥させたチルビーというチーズがあります。

〈もう少し詳しく〉

酸加熱凝固で固めたカードを乾燥させるチーズは、トルコ、イランなどの西アジアからインド、ネパール、ブータン、そしてモンゴルまで分布しています。この種のチーズを齧（かじ）るヨーグルトといった人がいますが、相当に酸っぱい保存食です。

■モンゴル

Q108 モンゴルにはいつ頃からチーズがあったのですか。

A108 モンゴルは遊牧の民ですから、牧畜を始めた頃から乳製品を持っていたと考えられますが詳しい資料はありません。

〈もう少し詳しく〉

イタリアの商人のマルコ・ポーロが現在の中国を旅した13世紀後半は、モンゴル人が漢民族を征服し「元」を建てたチンギス・カンの孫の、フビライ・カン全盛の頃です。帰国後に彼が書いた旅行記が有名な「東方見聞録」です。そこにはバターやヨーグルトらしき乳製品などが出てきますが、現在のモンゴルの乳製品とさほど変わらないようです。ホロート（アーロール）と呼ばれる乾燥させたチーズは、「乾燥乳」（日本語訳）としてそのつくり方から食べ方まで書いています。

Q109 モンゴルにはどんなチーズがありますか。

A109 最も多くつくられているのが冬の保存食としてのホロート（アーロール）です。

〈もう少し詳しく〉

モンゴルの乳製品は厳密に分類すれば20種類前後といわれています。モンゴルといっても中国領内の内モンゴルと、モンゴル国ではチーズの種類も呼び名も違っていますが、代表的な物は内モンゴルで「ホロート」、モンゴル国では「アーロール」と呼ばれる、脱脂乳からつくる、乾燥させた硬いチーズです。モンゴルのチーズもインドなどと同様、レンネットは使わずに酸と熱で凝固させます。

マルコ・ポーロはチーズを脱脂乳から乾燥乳を造るのは脂肪があると乾燥しにくいからだと書いています。これはまさに現在のホロート（アーロル）と同じ物でしょう。

この他、カッテージチーズに近いビャスラク（ビシラク）、ホエーを煮詰めたエーズギー（エージゲ）などのチーズらしきものがあります。

付録「モンゴルチーズのエピソード」

チーズの呼び名が変わる内モンゴル（中国領自治地区）とモンゴル国。

チンギス・カン以来ユーラシア大陸を席巻したモンゴル人は中国の漢民族を征服して「元」という国を建てます。この元がおよそ百年続きますが、やがて「明」が台頭しモンゴル人はモンゴル高原に戻ります。

20世紀になってから外モンゴル（現在のモンゴル国）は社会主義国家として旧ソヴィエト

の傘下に組み込まれ、自主的な外交は難しくなります。

　このように、１９９１年ソ連崩壊までは、外国人が外モンゴルを自由に旅するのはもとより入国するのさえ難しい時代が続きます。従ってこれまでのモンゴルチーズに関するレポートのほとんどが内モンゴル自治地区（中国領）の物でした。最近はモンゴル国のデーターも見られるようになりましたが、それによれば、同じチーズの呼び名でも双方に違いがある物も多く見られ、同じ呼び名でも、種類が異なったりしている事もあります。

　例えば日本で最も知られるモンゴルのチーズは内モンゴルでは「ホロート」というのに対して、モンゴル国では「アーロール」といいます。

■中国

Q110 中国のチーズは見た事がないのですが、中国にチーズはありますか。

A110 結論からいえば、中国では歴史的にも庶民の間にはチーズはもとより乳食文化そのものがありませんでした。美食の国といわれるこの国にとっては不思議な事です。

〈もう少し詳しく〉

　一口に中国といっても現在は周辺の自治地区にはカザフ族、ウイグル族、チベット族、モンゴル族など古くから独自の乳文化を継承してきた人々が住んでいますが、いわゆる漢族の中国では、数千年来、散発的に乳利用の記録が見られますが、庶民に定着する事はありませんでした。唐の時代（６１８〜９０７年）首都長安の宮廷に乳製品を供給する「乳酪院」がつくられたとありますが、時代が下るにつれてむしろ、中国の乳利用は衰退していきます。

発展目覚ましい現代の中国では、昭和30年代の日本と同じように、政府指導で国民に対して飲用牛乳の普及を強力に推し進めています。牧場の建設も盛んですが、まだチーズ製造は始まったばかりで、見るべきものはありません。スーパーでは日本やその他の国から輸入したプロセス系のチーズが売られていますが、種類は限られているようです。

■日本

Q111 日本ではいつ頃からチーズがつくられているのですか。

A111 乳を固めたものをチーズと考えるなら、8世紀に年に一度天皇家に献上された「蘇」というチーズ様のものが日本では最初の記録といわれています。

〈もう少し詳しく〉

奈良時代の古文書「右官史記」に文武４年（西暦７００年）「使いを遣わし蘇をつくらせる・・」という記述があり、これが日本の最初のチーズではないかといわれています。中国大陸から伝わったものと思われますが、乳を加熱して十分の一にするという事は記録に残っていますが、正確な製法の記録はありません。仮に煮詰めるとしても、当時の道具や技術では、焦げやすい牛乳を十分の一に煮詰めるのは物理的に不可能といわれています。いずれにしても蘇は天皇への献上物で、庶民にはまったく伝わらずに消滅してしまいました。

余談ですが、中国語では乳製品には「酥」の字を使います。前記の古文書に出てくる「蘇」の字は日本に伝えられたときに書き違えたのだろうと「中国食品事典」に書かれています。ちなみに酥とはバターに近いものです。

Q112 日本でチーズが一般の食卓に取り入れられたのはいつ頃ですか。

A112 本格的なチーズの試作は明治初期にアメリカの技師を招いて行われ、明治10年（１８７７）に東京で開かれた博覧会に出品し、在日外国人に大人気だったといいます。本格的な工場生産はそれから55年後の昭和7年（１９３２）で、北海道製酪販売組合連合会（雪印の前身）が北海道にチーズ工場を建設して工場生産を始めました。そして同9年には４５０g入りのプロセスチーズを発売します。しかし生産量は少なく、一般家庭にチーズが普及するのは第二次大戦後10年以上を待たなくてはなりません。

〈もう少し詳しく〉

明治８年（１８７５）明治政府は北海道に欧米型の酪農を取り入れた、近代農業を導入すべく函館の七重に勧農試験場をつくり、バター、チーズ、煉乳の試作を始めます。同37年

（１９０５）に函館トラピスティヌ修道院でチーズがつくられますが、ほとんどが自家用と思われます。

それからほぼ半世紀たった昭和26年になっても、日本人一人当たりのチーズの年間消費量はまだ10ｇに満たなかったそうです。しかし、その後食事の欧米化が進み、学校給食にもチーズが出されるようになり、家庭の食卓にも徐々にチーズは浸透していきます。

大きなきっかけとなったのは１９６４年の東京オリンピックで、フランスのナチュラルチーズの空輪が始まります。更には海外旅行ブームを機に本場のチーズの味を覚えた人達がナチュラルチーズの需要を押し上げ、１９８０年代後半にはナチュラルチーズの消費はプロセスチーズを上回るようになります。

Q113 なぜ日本ではプロセスチーズが先に普及したのですか。

A113 まだチーズになれ親しんでいない日本では、消費者はもとより販売者でもナチュラルチーズに対する知識が乏しく、チーズの管理も難しかったために、保存性が高く取扱いやすいプロセスチーズの方が先に普及したのです。

〈もう少し詳しく〉

何百年ものチーズ文化を持つヨーロッパでは、生産者と消費者との距離が近い、いわゆる地産地消型でした。消費者はほとんど毎日、その日に食べるチーズを近くの市場で買います。

買うのはいつもおなじみのチーズ。品質も熟成状態も熟知していました。従ってこれらの国ではナチュラルチーズが主体で、プロセスチーズを探すのが難しい程です。

日本では初期のチーズの生産地は北海道でしたから、消費地は遠く消費の実態も分からないので手探り状態でした。その上遠くへ輸送しなければならないため、味わいは平均的でも品質が変わりにくいプロセスチーズの方が便利でした。そうした理由でプロセスチーズが先に普及していきます。まだ、個性的なナチュラルチーズの風味になじんでいない日本人にとっては風味が穏やかなプロセスチーズが受け入れられやすかったという事も理由の一つです。

Q114 日本のナチュラルチーズは本場ヨーロッパでも受け入れられますか。

A114 近年、日本のナチュラルチーズの品質は飛躍的に向上し、今ではヨーロッパチーズの物まねを脱して個性的なオリジナルチーズが次々に誕生し、世界のコンクールで賞を獲得するまでになっています。

〈もう少し詳しく〉

日本のチーズといえば、かつては大手乳業会社の独壇場で、生産の主体はほとんどがプロセスチーズでした。１９８０年代あたりから、北海道を中心に牛を飼いチーズをつくる、いわゆるフェルミエ型のチーズ工房ができ始めます。初期のころはカマンベールやモッツァレラなどヨーロッパチーズの模倣から始まりますが、志の高いチーズ工房は独自のオリジナルチーズをつくるようになり、様々なチーズが生まれていきます。最初は品質も安定せず、消費者に受け入れられるチーズは少なかったのですが、１９００年代後半になる頃からは、オリジナル性も高く、品質が安定した優れたチーズをつくる工房が増え、海外のコンクールで最高の賞に輝く物も現れます。こうしたチーズ工房は北海道から沖縄まで全国にあり、現在も増え続けています。

Q115 日本の工房のチーズは一般の店で手に入りにくいのはなぜですか。

A115 理由はいくつかありますが、まず工房のチーズは生産量が少なく流通コストがかかる。季節によって生産量に変動があるなど、安定した品揃えを求める店では取扱いにくいのです。こうした理由から一般の店では入手しにくいのです。

〈もう少し詳しく〉

輸入、国産を問わずナチュラルチーズの販売は、チーズの知識を持った人がチーズの状況を見ながらこまめに管理しなくてはなりません。だから大きなスーパーなどでは、ほんの数種類のナチュラルチーズしか扱っていないところが多いのです。また、工房がつくる個性的なチーズは、最初から消費者に理解してもらう必要があるため、ネットなどにより直接販売することが多くなるのです。また人気工房のチーズは予約販売をしていたりして、一般の市場に出る事はほとんどないのです。

新世界のチーズに関する質問

■アメリカ

Q116 アメリカのチーズって日本ではあまり聞きませんが、どうしてですか。

A116 実はアメリカは世界で最も多くチーズをつくっていますが、これまで国内の需要が生産に追い付かず輸出する余力がなかったからです。

〈もう少し詳しく〉

アメリカのチーズの生産量は第二位のドイツの約2．5倍ですが、人口も3億超と多く、一人当たりの消費量もオランダに次いで16kgですから、国内の需要を満たすのに一杯だったわけです。しかし21世紀に入ってから生産は順調に延び、輸出にも力を入れるようになりました。今ではスーパーマーケットでもアメリカチーズが見られるようになりました。

Q117

アメリカは新しい国ですがどんなチーズをつくっているのですか。

A117 アメリカが独立する1776年まではイギリスの植民地だった関係で、最初はイギリスの伝統チーズであるチェダーがつくられました。現在もチェダーチーズを最も多くつくっているのがアメリカですが、今ではヨーロッパ各国のチーズもつくっています。

〈もう少し詳しく〉

現在のアメリカは多民族国家ですが、最初はアイルランドの飢饉や宗教対立などからのがれたイングランド系の移民が多かったのです。その後イタリアの不況などでイタリア人の移民が増えるなど、ヨーロッパ各国からの移民も増えてきます。それに従ってモッツァレラ、パルメザンなどイタリア系のチーズもつくられるようになります。また、アメリカは最初にプロセスチーズを市場に定着させた国でもあります。20世紀の初頭クラフト兄弟は缶入りのプロセスチーズを開発してアメリカに広めました。その後プロセスチーズは様々な形に進化してアメリカの市場に浸透していきます。

Q118

アメリカ独特のチーズはありますか。

A118 カリフォルニア生まれのモントレー・ジャック、19世紀の後半にウイスコンシン州のコルビーの町で生まれたコルビーなどが代表的なものです。またアメリカではヨーロッパの模倣

でも、独自の製法によるものはオリジナルチーズとしています。

〈もう少し詳しく〉

これまでアメリカのチーズ工場は大規模、大量生産を目指してきましたが、最近は、スペシャリティチーズという分野が注目されています。このカテゴリーの中には、職人を意味するアルチザン、農家づくりのファームステッドやオーガニックなどのチーズが含まれ、手づくり、限定生産などの規模の小さいつくり手が全米に増えています。

■オーストラリア

Q119 オーストラリアではいつ頃からチーズをつくっていたのですか。

A119 アメリカより新しく、ほぼ200年前からチーズをつくり始めたといわれています。

〈もう少し詳しく〉

オーストラリアへの移民は１７８８年に始まりイギリス人が植民地建設し領有を宣言します。オーストラリアには牛が居なかったので、イギリスから船で数頭の乳牛を運びましたが、その牛達は脱走して行方不明になるなど、酪農を始めるまでは苦労があったようです。国土は広いものの、気候は厳しく酪農の適地を見つけるのは大変でした。１８００年にはイギリスから純血種の牛が輸入され、本格的に酪農が始まり、農場ではバターとチーズが生産されました。

Q120 オーストラリアチーズは日本で手に入りますか。

A120 実は半世紀も前から日本人はオーストラリアのチーズを食べています。

〈もう少し詳しく〉

現在、日本の輸入チーズの40％前後がオーストラリア産のチーズです。日本のチーズの需要は伸び続けてきましたが、国土が狭い日本では酪農をするにも十分な土地を確保するのは難しく、従って需要を満たすだけのチーズをつくることができません。そこで広大な土地があり、恵まれた環境の中でつくられるオーストラリアのチーズをプロセスチーズの原料として輸入してきたのです。チーズの種類としては、ゴーダ系やチェダー系が多く、それも10キロ以上もある真空パックされた四角いリンドレス（皮なし）チーズです。これらは加工原料として使われるため一般の人の目に触れる事はないのです。

最近ではクリームチーズやシュレッドされたピザやグラタン用など、家庭で直接消費されるオーストラリアチーズもお店に並んでいます。

Q121 オーストラリアでは主にどんなチーズがつくられていますか。

A121 主にイギリス原産のチェダーとチェダータイプが多くつくられていますが、ヨーロッパ各国の伝統的なチーズを手本にしたチーズもつくられています。

〈もう少し詳しく〉

初期の頃は宗主国であったイギリスの代表的チーズであるチェダーがつくられました。このあたりはアメリカとよく似ています。現在も生産量の半分近くがチェダーですが、第二次大戦後、オーストラリアは移民に門戸を開いたため、ヨーロッパ各国から人々がやってきて、それぞれ自国のチーズをつくり始め、今やオーストラリアは「ヨーロッパチーズの縮図」といわれるほど、白カビ、青カビ、ウオッシュ、パスタ・フィラータ系など、ヨーロッパのあらゆるタイプのチーズがつくられるようになっています。

Q122 広いオーストラリアでは主にどのあたりでチーズはつくられているのですか。

A122 南東部のヴィクトリア州がチーズの生産量では抜きんでて多く、その対岸の島タスマニア州を加えると全オーストラリアで生産されるチーズの70%以上を占めています。

〈もう少し詳しく〉

オーストラリアの国土は日本のおよそ21倍という広さですが、砂漠や乾燥地帯が多く、略農の適地は意外に少ないのです。その中ではオーストラリア南東部の海に面したヴィクトリア州は気候が温暖で酪農の適地として早くから農業や酪農が盛んでした。またそのヴィクトリア州の南にあるタスマニア島は、肥沃な土壌と温暖な気候に恵まれ、良質な牛乳が生産され、そこから様々なチーズが造られるなど、オーストラリアで最も小さなこの二つの州がオーストラリアチーズの中心地になっているのです。

■ニュージーランド

Q123 ニュージーランドでもチーズはつくられていますか。

A123 ニュージーランドは日本と同じく海に囲まれた島国ですが、一年を通して牧草が育つ温暖な気候に恵まれ、良質な原料乳からたくさんのチーズがつくられています。

〈もう少し詳しく〉

ニュージーランドは世界でも例が少ない草地放牧でウシやヒツジを育てている国です。酪農家には畜舎などの建物はなく搾乳場があるだけというのが普通です。家畜の飼育にコストをかけず多頭飼育が可能なため強力な国際競争力を持っていています。現在、乳製品の輸出量は世界の30％を占め、単独では世界一の輸出国です。チーズ生産量もオーストラリアに迫る勢いです。

Q124

ニュージーランドチーズの歴史は新しいのですか。

A124 １８４０年にイギリスの植民地になり、１８７０年代に金鉱が発見されると移民が急増します。この頃からジャージー牛が導入されチーズづくりが始まります。

〈もう少し詳しく〉

１８８４年に初めてバターをイギリスに輸出。１８８０年代後半になると乳製品の工場も建設され、酪農は次第にニュージーランドの重要な産業になっていきます。しかし、現在の様に大量にチーズがつくられようになるのは１９７０年代からです。

Q125

ニュージーランドチーズはあまり馴染みがありませんが、どんなチーズがつくられていますか。

A125 大部分のチーズは近代的な設備でつくられていますが、オーストラリアと同じく宗主国であったイギリス原産のチェダータイプのチーズがたくさんつくられています。

〈もう少し詳しく〉

日本はオーストラリアチーズに次いで2番目に多く輸入しているのがニュージーランドのチーズです。大半はプロセス原料や、業務用としてピザやグラタンなどの料理に使われています。ニュージーランドチーズの特色は、主要な輸出品目であるため、近代設備の工場で徹底した品質管理のもとにつくられ高い品質を誇っていることです。

重要な輸出国である日本人の嗜好に合わせて開発されたエグモント、タウポなどの他に、チェダーを2年以上熟成させたエピキュアやオランダ原産のゴーダなどもあります。

チーズの栄養に関する質問

Q126 チーズは栄養的に優れているといわれるのはなぜですか。

A126 チーズには人体にとって重要な栄養素のほとんどがバランスよく、しかも消化されやすい形で含まれているからです。

〈もう少し詳しく〉

チーズはミルクからつくられますが、哺乳動物は生まれてから、ある時期まで母親のミルクだけで育ちます。そのためミルクには子供の成長に必要なあらゆる栄養素が含まれています。そのミルクが凝縮固形化したのがチーズなのです。しかも熟成チーズであれば発酵、熟成によってそれらの栄養素は、更に消化されやすい形になっています。ただ、チーズにはビタミンCと食物繊維が含まれていないので、野菜や果物と一緒にチーズを食べれば栄養バランスも理想的になります。

Q127 チーズに含まれる主な栄養素成分は何ですか。

A127 チーズにとって重要な2大成分といわれるものは蛋白質と脂肪です。

〈もう少し詳しく〉

水分の多いフロマージュ・ブランと超硬質のパルミジャーノとでは含まれる成分の割合は大きく変わります。また脱脂乳で造るカテッジチーズやドイツのクワルク等は必然的に脂肪分は少なくなりますが、熟成型の硬いチーズでは蛋白質と脂肪で、成分全体の50％以上になります。

〈各種チーズの蛋白質と脂肪の含有量〉（100g中）（五訂食品成分表より）

チーズ名	蛋白質（g）	脂肪（g）
ゴーダ	25.8	29.0
チェダー	25.7	33.8
パルメザン	44.0	30.8
カマンベール	19.1	24.7
ブルー	18.8	29.0
プロセス	22.7	26.0

Q128 チーズの蛋白質は優れているといわれていますがそのわけを教えてください。

A128 必須アミノ酸のバランスが理想的でしかも消化吸収に優れているからです。

〈もう少し詳しく〉

少し難しい話になります。蛋白質の良し悪しは必須アミノ酸（人体では作れないアミノ酸）のバランスが取れているかどうかで決まります。動物性の蛋白質である卵、肉、魚、乳のアミノ酸のバランスは理想的で、数値で表すとアミノ酸スコアが１００という事になっています（１９８５年の算定方式）。乳からつくられるチーズの蛋白質は他の動物性蛋白質と同じく、大変優れています。更に発酵食品であるチーズの蛋白質は発酵によってペプチドとアミノ酸に分解され、熟成チーズの場合、すでに胃腸の中で分解された形になっているため非常に消化吸収がよくなっているのです。

Q129 チーズは脂肪が多いけど肥満になりにくいといわれていますが本当ですか。

A129 はっきりしたメカニズムは解明されていませんが、ある実験報告では、チーズを含む乳製品はむしろ肥満を抑制する効果があるとしています。

〈もう少し詳しく〉

どのような食品でも取り過ぎはよくないことは言うまでもありませんが、チーズに関して言えば、日本人が食べているチーズの量は年間一人当たりやっと2kgを超えたばかりで、これはフランスの20分の1に過ぎません。従って現状ではチーズによる肥満の心配は現実的ではありません。チーズを含む乳製品にはカルシウムが豊富に含まれていますが、このカルシウムが脂肪の分解を促進し肥満を防ぐとされています。更にカルシウムはサプリメントで取るより乳製品のカルシウムの方がより効果が高いとされています。

Q130 チーズはカルシウム源として優れているといわれるのはなぜですか。

A130 チーズのカルシウムはその含有量が多いばかりではなく、非常に吸収が良くなっているからです。

〈もう少し詳しく〉

カルシウムは、丈夫な骨を作り維持するためには絶対欠かせない事はよく知られていますが、その他、血液の凝固、筋肉の収縮、興奮抑制などの生理作用にも深くかかわっている重要な栄養素です。「日本人の食事摂取基準２０１０年度版」ではカルシウムの推奨摂取量を、例えば30～40代の男性で1日に６５０mgを食事で取ることを勧めています。しかし日本人のカルシウム摂取量は現在も平均で５５０mg前後とこの水準に達していないのです。この不足分を仮にプロセスチーズで補うとすれば、ほんの一切れ（20g）でとれてしまうのです。チーズのカルシウムは魚や野菜のカルシウムに比べて吸収率は非常に高いのです。それはチーズに含まれる、カゼインホスホというペプチドやビタミンD、リジン、アルギニンなどのカルシウムの消化を促進する物質が含まれているからです。そればかりではなく、チーズがカルシウム源として優れているのは、毎日の食事に無理なく取り入れることができるということです。

〈チーズのカルシウム含有量と他の食品との比較〉（１００ｇ／mg）（五訂食品成分表より）

ゴーダ	680
チェダー	740
パルメザン	1300
カマンベール	460
ブルー	590
プロセス	630
めざし	320
しらす干し	520
卵	51
エダマメ（ゆで）	58
木綿豆腐	120
ひじき（乾燥）	1400

Q131 最近よく言われている機能性食品とチーズの関係について教えてください。

A131 チーズは食品の第三の機能といわれる、健康を維持する機能が高い食品として最近注目されています。

〈もう少し詳しく〉

食べ物には、生命維持に必要な栄養を供給する「第一次機能」、味わいを楽しむ「第二次機能」、そして、生理機能を調整することで健康を維持する「第三次機能」の三つがあります。これらの概念は日本が最初に提唱したものですが、健康意識の高まりとともに、この「第三次機能が」世界的にも関心を呼んでいます。最新の研究ではチーズの第三の優れた機能性が解明されています。

Q132 チーズの第三の機能にはどんな効果がありますか。

A132 循環器系疾患（脳内出血、心臓病、動脈硬化など）のリスクの低減、メタボリックシンドロームの予防、骨粗しょう症予防、虫歯予防などが注目されています。

〈もう少し詳しく〉

ワインをよく飲むフランス人は多量の脂肪の摂取にも関わらず循環器系の病気が少ない事で「フレンチパラドックス」として話題になりましたが、チーズにもこれがそっくり当てはまるという研究があります。それによると、例えば年間12kgのチーズを食べているイギリス人は、20kg以上チーズを食べているフランス人に比べ循環器系疾患の死亡者数は3倍以上になっています。

これまで乳脂肪を多く含むチーズなどは循環器系疾患のリスクを高めるといわれてきましたが、１９９０年以降の研究ではむしろそのリスクの低減に寄与しているという報告もなされています。虫歯予防効果については、硬質の熟成チーズに含まれる豊富なリン酸カルシウムが歯のエナメル質の脱灰化（溶解）を防ぎ、再石灰化（虫歯の穴を修復）を促進するといわれています。

このように発酵によってつくりだされる様々な成分が、ヒトの健康維持に寄与している事は間違いないようです。

チーズの切り方や料理に関する質問

Q133 ヨーロッパなどではチーズはどのような料理に使われていますか。

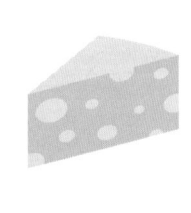

A133 大雑把に言うと、①硬いチーズをすりおろして調味料的に使う。②チーズを熱で溶かす。③そのまま切って食べる。④サラダやサンドイッチなどにする。

〈もう少し詳しく〉

①の場合はイタリアのパスタ料理で見られる料理法です。イタリアではグラナ系のチーズはもとより、南部では羊乳チーズのペッコリーノなども使われています。

②の場合は、スイスやフランスなどのアルプス地方で見られるフォンデューやラクレット等のように溶かしたチーズそのものをパンやジャガイモなどと一緒に食べる料理や、オーブンでチーズを焼きつけるグラタンなどがあります。キッシュやイタリアのピッツアもこの料理法ですね。

③はフランス式に食後に食べたり、トルコなどのように朝食に数種類のチーズを食べる国もあります。

④は土地の野菜やナッツなどと一緒にヴィネガーソースで食べるサラダはいたるところもあります。ギリシャのフェタのサラダや、フランスのロワール地方のシェーヴルを焼いたサラダが知られています。またイギリス生まれといわれるサンドイッチにはあらゆるチーズが

使われ、使うチーズによってそのお国柄や地方色を味わうことができます。その他、ソースにしたり、パンやお菓子、アイスクリームなどに広く使われています。

Q134 フランスの普通のレストランでチーズ料理はあまり見かけないのはなぜですか。

A134 フランスのレストランメニューの組み立ての中ではチーズは料理とデザートの間に出されるという形式になっています。このようにチーズは食事のコースの中でそのまま食べるために、チーズが料理されて出されることは少ないのです。

〈もう少し詳しく〉

フランスではオードブルからデザートまで、いわゆるコースで料理がサービスされるという形式が普及してからまだ百年前後でしょうか。更にチーズが現在のようにメニューの中に定着するのはもう少し後になりますが、チーズをデザートの前に食べるというパターンが出来上がります。そのためにチーズは料理するよりそのままワインと一緒に食べるという習慣が一般に定着したのでしょう。しかし、パリでも郷土料理の店などではチーズ料理を売り物にしているレストランもあります。また、チーズの産地にはたくさんのチーズ料理があります。逆にイタリアでは料理にチーズを使うので、食後にチーズはあまり出しません。

Q135

チーズと他の料理素材の相性を教えてください。

A135 チーズの多様性を生かせば、あらゆる素材と合わせる事が出来ますが、とりわけ小麦粉を使った、パン、パスタ類とは相性がよく、野菜ではジャガイモがチーズ料理によく使われます。

〈もう少し詳しく〉

パン類やパスタとの相性の良さは言うまでもありませんが、イタリアではスパゲッティなどのパスタにチーズは非常によく使われます。しかし、すべてにチーズを使うかといえばそうではなく、一定の原則はあるようです。魚介のパスタや肉料理にはあまりチーズは使わないようです。野菜ではグラタンに代表されるようにジャガイモとの相性は抜群です。ナスやアスパラガスなどと料理される事もしばしばです。また、リンゴ、洋ナシ、葡萄等の果物にも合うチーズもあります。

Q136

料理に使うチーズを選ぶ時の注意点を教えてください。

A136 大切なことは、使うチーズの特性をよく理解することと、その時のチーズの状態（熟成度など）をよく見極める事でしょう。

〈もう少し詳しく〉

チーズの種類は日本に輸入されているだけで多分５００種は超えているでしょう。その中から料理素材としてチーズを選ぶ時、そのチーズが持つ本来の特性、つまり、味、香り、物性（硬いか柔らかいか、溶け具合など）を知らなくてはなりません。また、同じチーズでも熟成度合いを見極める必要があります。チーズは熟度によって、味がまるで違ってくる物もあるからです。もちろんどんな料理を作るかが、まず大前提になるわけですが、その料理に使われる他の素材との相性も考えなくてはなりません。

Q137 チーズ料理をサービスする時のポイントはなんですか。

A137 チーズを熱で溶かす料理の場合は、冷めないうちに食べてもらうのが最も大切です。

〈もう少し詳しく〉

一度熱で溶かしたチーズは冷めるとゴム状になって、再加熱しても元の美味しさには戻りません。食べるタイミングを見計らって、料理の仕上げをするよう心がけてください。また、パーティなどで複数のチーズをそのまま食べる場合は、チーズを常温に戻してください。冷たいと本来のおいしさが楽しめないチーズも多く、夏などはチーズに結露してしまいます。常温に戻す時、熟度が進んだソフト系のチーズなどは、溶けて流れ出さないよう、アルミ箔などでストッパーをつくって切り口に当てて、サービス直前に取りはずすといいでしょう。

また、カットされたチーズは湿度の低い冬場などでは、乾燥しやすいのでラップなどで覆っておいてタイミング良く出すようにしましょう。

Q138 和風の調味料や素材とチーズの相性はどうでしょう。

A138 チーズは発酵食品ですから、日本の味噌、醤油などの発酵させた調味料ともよく合うチーズもたくさんあります。

〈もう少し詳しく〉

味噌、醤油などは今や世界的に認知された調味料で、フランス料理にも広く使われています。逆に日本料理店でチーズを取り入れる事も普通になっていますし、チーズの味噌漬けなど以前からあり、和風居酒屋の定番になっている例もあります。また、酒盗などの塩辛とクリームチーズを合わせるなど様々な料理が登場し、新しい美味しさをつくりだしています。

Q139 チーズの盛り合わせを取り分ける時、切り方に何か原則がありますか。

A139 特にソフト系のチーズは外側と中心の熟度が違っている場合が多く、その部分によって味が違います。従ってこれらのすべての部分が一切れに平等に入るように切ります。

〈もう少し詳しく〉

例えば、カマンベールは外側から中心に向かって熟成が進み、中心に白い芯が残っている場合もあります。カマンベールを中心からクサビ形、あるいは扇型に切るのは、一つのピースにすべての状態が入るように考えられたカット法なのです。もちろんチーズによって状況は異なります。ブルーチーズは中心の方にカビが多く外側は少ない。コンテやグリュイエールなどのハード系のチーズは、おおむね全体が平均に熟成しますのであまり厳密に考えなくてもいいのですが、硬いチーズは薄く切った方が食べやすく美味しさがよくわかります。

Q140 チーズをカットする時には何か特別なナイフがありますか。

A140 柔らかいチーズはナイフの刃に、チーズがくっつきやすいので、家庭では果物ナイフなど、ナイフの刃の幅が狭い細身のものを使うといいでしょう。ハード系のチーズは普通の包丁で充分です。

〈もう少し詳しく〉

プロの場合チーズのタイプによって、専用のナイフやカッターを使い分けます。最もよく使われるのは、刃がギザギザで側面に窓があいている通称オメガナイフと呼ばれるものです。今ではチーズショップなどで市販されていますが、刃にチーズがくっ付きにくく、ソフト系からセミハード系のチーズなどにもある程度対応できる便利なチーズナイフです。

オメガナイフ

Q141 チーズの盛り合わせに付け合わせるものを教えてください。

A141 普通はバゲットなどのシンプルなパンや無塩のクラッカーなどを必ず添えます。

〈もう少し詳しく〉

チーズだけではその良さを充分に味わうことはできません。従ってパンは必須アイテムです。同じパンでも少し凝るなら、チーズの特徴にあわせてライ麦パンなどを合わせるのもいいですが、味付けしていないシンプルなパンの方がチーズの美味しさを引き立てます。また最近では、はちみつ、ジャム、生のフルーツやドライフルーツなどを添える場合も多くなっています。

Q142 残ったチーズの保存方法を教えてください。

A142 まず、ラップやアルミホイルをチーズに密着させ、空気が入らないように包装して冷蔵庫で保存してください。

〈もう少し詳しく〉

基本的には買ってきたチーズは、出来るだけ早く食べる事をお勧めします。日本ではナチュラルチーズは高価なため、小さなピースで販売している場合が多いので、それほど長期保存が必要な状況にはならないでしょう。特にソフト系のチーズは早く食べ切ってください。それでも、保存しなければならない場合は、チーズの種類ごとにラッピングし、更にタッパーに入れるなどして他の食材にチーズの匂いが移らないように配慮します。パーティの時など盛り合わせのチーズが少しずつ残った時は、全部混ぜてオムレツにしたりパスタのソースにすればかなり贅沢なものになります。サラダにするのもいいでしょう。

いずれにしても捨てるのはもったいない。また、ハード系のチーズはラップしても長く置くとカビが出る場合があります。青カビであれば、ほとんどがブルーチーズに使うカビと同系統ですから取り除けば食べられます。また、ウイスキーなどアルコール分の高いお酒でチーズの表面を湿らせてラッピングするとカビが生えにくくなります。

Q143 チーズは冷凍保存ができますか。

A143 冷凍すると物性や味が変わるチーズと、それほど変わらない物の二つに分かれます。

〈もう少し詳しく〉

食品を冷凍して解凍すれば、どんなものでも程度の差こそあれ本来の味が損なわれるのは避けられません。チーズの場合冷凍すると性質や味が変わってしまう物としては、スイギュウ製モッツアレラ、マスカルポーネ等のフレッシュチーズ等で、パッケージングされたクリームチーズはほとんど変わらないものもありますがメーカーによっては変質するものもあります。

それほど影響を受けないものはブルーチーズです。それにとろける状態になったカマンベールやブリなどもさほど味は変わりません。ただしウオッシュ系のチーズは解凍すると皮がボロボロになってはがれるものもありますが、熟成度によって違いが出るものもあります。

ハード系のチーズも意外に大丈夫な物もありますが、これらのチーズは、きっちりと密閉し、状態をみながらまめにケアすれば、冷蔵庫でかなり長く保存できますから冷凍しない方がいいでしょう。冷凍したチーズを食べるときは、前の日に冷蔵庫に移しゆっくり解凍してください。

しかし冷凍保存はあくまでも緊急避難的な方法と考え、短期間にしてください。どんなチーズでも他の食料と同じく、長期間冷凍すれば明らかに物性が変化して風味は悪くなります。

チーズと飲み物に関する質問

Q144 チーズにはワインというのが定番のようですが他の選択肢はないのですか。

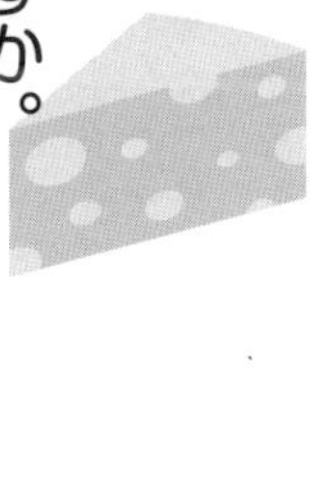

A144 確かにチーズとワインの相性は抜群です。しかし、チーズはできてもワインはできないという国や地域もありますが、それぞれの国や地産の飲み物でチーズを楽しんでいるようです。

〈もう少し詳しく〉

例えばフランスでもノルマンディー地方や、北部にはチーズはあるけどワインがありません。でも、ノルマンディーではリンゴの酒シードルやカルヴァドスと合わせ、北部ではビールと合わせるなどその土地の楽しみ方があります。イタリアではグラッパとパルミジャーノという話も聞きますし、ワインだけがチーズの相手ではありません。しかし、フランスでは、チーズにはワインというのが大方の楽しみ方でしょう。

Q145 チーズに合わせるワインはどのようにして選べばいいのですか。

A145 これは最も難しい問題という専門家もいますが、間違いないのは同じ土地で出来たもの同志を合わせるという事です。

〈もう少し詳しく〉

チーズとワインを合わせる事をマリアージュといいますが、これには常に論争があります。完璧な相性を見つけるのは不可能と断言する人もいます。チーズもワインも常に変化しているので、完璧な相性などないというのです。それも一理ありますが、だた、同じテロワール（風土）で育ったもの同士なら個人的な好みを超えてよくマッチするということです。そんなわけですからチーズを楽しみたいなら、味がニュートラルな飲みやすいワインであればとりあえず間違いありません。でも冒険してみるのも面白いでしょう。20世紀のフランスのチーズの権威アンドゥルーエは、この事に関しては「個人の思い付きを実行することが望ましい」といっています。

Q146 ヨーロッパにはチーズとワインを合わせる定番の様なものはありますか。

A146 青カビチーズのスティルトンにポートワイン、ロックフォールに甘口ワインなど、いくつか習慣的に行われている例はあります。

〈もう少し詳しく〉

ポルトガルで造られる甘口のポートワインは18世紀あたりからほとんどが英国に輸出されていました。そこでスティルトンと出会いこの組み合わせが誕生しました。またロックフォールは、比較的生産地が近いボルドーの甘口ワイン、ソーテルヌとの組み合わせは、晩餐などで定番になりました。ブルーチーズには甘口ワインが合うという事ですが、もちろん異論もあります。

Q147 「チーズには赤ワインで食べるもの」という人がいますがどうしてですか。

A147 20世紀の中頃まではフランスではそういわれていたようです。

〈もう少し詳しく〉

かつてフランスでは正式のディナーではチーズの時には年代物の赤ワインを開けるというしきたりがあったそうです。その事からフランスではチーズには赤ワインという習慣が出来上がったのでしょう。もっともフランス人は赤ワインを飲むことが多いので、普通の人のディナーでは食事の時に飲むワインを少し残しておいてチーズの時にその赤ワインを飲むということになります。しかし、１９００年代あたりから、チーズとの完璧なマリアージは白ワインである、という考えも広まっているようです。

いろいろ論議はありますが、世界中のワインが集まる日本で、この事にあまりこだわっても悩みは深くなるばかりです。あれこれ試してみるのも面白いでしょう。とんでもない失敗なんてありえません。

Q148

ワイン以外にチーズと合わせるお酒はありますか。

A148 もちろんあります。ビールもその一つですが、ただしワインのようにあれこれと相性を論議することはありません。

〈もう少し詳しく〉

西ヨーロッパ諸国で日常的にワインを飲んでいる国は、フランス、イタリア、スペイン、ポルトガルとギリシャでしょう。一方、イギリスや一部の地方を除くドイツ、ベルギー、オランダ、北欧諸国、それに東欧の国々で日常的に飲まれているのはビールです。ワインができない国でもチーズはあります。したがってこれらの国ではチーズとビールは日常的な取り合わせという事になります。

Q149

チーズは日本酒にも合いますか。

A149 もちろん日本酒も同じ発酵食品ですから上手に合わせれば充分に楽しめます。

〈もう少し詳しく〉

日本酒は酒品からいってもワイン、ビールに次ぐ世界の三大醸造酒といってもいいでしょう。でも日本酒は不思議な酒です。合わせる食べ物（肴）は、淡白な湯豆腐から強烈なクサヤまで受け入れてしまいます。それを考えるとチーズが日本酒に合わないということはありません。ただし、日本酒はアルコール分が高いので、ワインのように食中酒にはならないので、チーズも酒のつまみということになります。

Q150 アルコール飲料以外の飲み物でチーズに合うものはありますか。

A150 紅茶、コーヒー、日本茶などに合うチーズもあります。

〈もう少し詳しく〉

繊細な紅茶は難しいですが、ミルクティの感覚であればクリームチーズのような脂肪の高いフレッシュチーズ等が合います。コーヒーにも同じことが言えますが、濃い目のブラックコーヒーなら、熟成したソフト系のチーズやハード系のチーズでもいけます。また、日本茶はコンテ、ボフォールなどのナッティなチーズとよく合います。

「著者略歴」
坂本嵩（さかもとたかし）
1938年北海道十勝の原野で生まれる。
1960年より大手乳業会社の宣伝部でコピーライターとして働くかたわら、チーズ、ワイン、料理などヨーロッパの食文化の研究を続ける。
2000年に仲間とチーズプロフェッショナル協会を立ち上げ、教本の制作に携わる。現在同協会顧問。
著書：「男の料理110番」パート1～3。（朝文社）
「開拓一家と動物家族」（朝文社）
「食後にチーズとワインを少し」（東方出版）
「ヨーロッパチーズの旅」（フレーベル館）

知りたかったチーズの疑問Q&A

二〇一一年四月一日　初版印刷

著者　坂本嵩
発行者　鈴木利康
印刷所　株式会社テンプリント
発行所　飛鳥出版株式会社
東京都千代田区神田小川町三の二
電話　〇三（三二九五）六三四三
郵便番号　一〇一－〇〇五二

ISBN978-4-7801-0040-2